珠宝首饰设计

高等职业教育艺术设计类专业教材

主　编:叶志华
副主编:吴耀行　奉深　杜半　潘焱

出版发行:中国地质大学出版社

版式设计:梦工坊珠宝设计有限公司
地址:深圳市罗湖区翠竹路新港鸿花园洪湖阁1301室
电话:86-0755-25164081
http://yezhihua0755.blog.163.com

合作单位:

新宝珠宝(深圳)有限公司
地址:深圳市罗湖区贝丽北路40号水贝工业区6栋1楼
电话: 86-0755-25618593 25618595
传真: 86-0755-25619960
http://www.sanj.com.hk

深圳市钻之韵珠宝有限公司
地址:深圳市罗湖区水贝工业区21栋首层
电话: 86-0755-25500888
传真: 86-0755- 25500222
http://www.zuanzhiyun.com

深圳星光达珠宝首饰实业有限公司
地址:深圳市罗湖区水贝二路特力工业区四栋四楼
电话 86-0755-25600366
传真: 86-0755-25611189
http://www.xgdsz.com

深圳市丰沛珠宝有限公司
地址:深圳市田贝四路广发大厦六楼608
电话: 86-0755-25632968
传真: 86-0755-25613538
http://www.fine-pearl.com

深圳市吉盟首饰有限公司
地址:深圳市罗湖区贝丽北路73号2栋
电话: 86-0755-25639999
传真: 86-0755-25639138
Http://www.sz-gem.com

内容简介

近年来中国珠宝首饰产业正处在从制造到创造的转型期，很多珠宝首饰公司都进行品牌建设，打造具有识别性的商业符号，以提升首饰的商业价值。在这一过程中，珠宝首饰的设计显得越来越重要，对设计师的要求也越来越高，简单的模仿或产品的细节调整和变换款式很难满足市场的需求。珠宝设计缺乏一种系统性的创新方法，行业也缺乏将创意商业化的研究与探索，目前市场上有参考价值的设计教材式案例非常稀缺。本书通过详细分析商业化的珠宝设计，让读者了解珠宝首饰制造商和品牌商是如何进行产品研发及市场推广的。包括主题的选取，设计元素的延伸与扩展，市场的分析定位，创意及灵感的来源与提炼，资料的收集，绘图的表达，模型的制作，成本的控制，工艺的把握，首版的制作与修改以及整个创意商品化的详细介绍，让读者了解并加深珠宝首饰设计方法，拓展创作思路。本书精选了几家深圳知名的珠宝首饰企业的产品设计案例，选用了大量新产品的高清图片，具有极强的视觉冲击，本身就是成功的商业设计。本书由多年工作在一线的珠宝首饰设计师主笔，通过清晰的图片与文字解释，分享创意经验与心得，旨在抛砖引玉，希望在珠宝首饰设计方面能为业界提供参考的价值。本书为中、高级珠宝首饰设计工作的参考书，希望对大中专院校学生具有职业指引作用，对在职的专业设计师及其他珠宝从业人员也具有参考借鉴价值。

主编简介 叶志华，深圳独立珠宝首饰设计师，曾获邀请参展2008、2009香港国际珠宝设计师作品展，有十多个作品在全国珠宝设计比赛中获奖。出版了个人作品集《男戒专辑》。2009年创立『钻石·梦工坊』珠宝设计工作室，致力于商业首饰的原创设计，珠宝品牌的产品规划与整合，以及三维数控技术在珠宝首饰设计与制造中的应用。个人博客 Http://yezhihua0755.blog.163.com

与其诅咒黑暗,不如点燃希望,燃烧你的梦想,照亮你的生命

http://yezhihua0755.blog.163.com

前 言

随着科技和经济的全球化，珠宝首饰学科也不断地发展、演化、融合了更多跨界的知识。新的时期对珠宝首饰设计提出了更高的要求，简单的模仿或细节调整和变换款式已经很难满足市场的需求，毫无系统性的设计方法显然已经跟不上时代的发展步伐。当珠宝首饰产业的发展进入了品牌时代，需要一种能与这个产业对接的创新方法进行产品的设计，透过品牌核心价值与品牌核心战略来创建一个系统性的珠宝首饰设计方法。珠宝首饰设计不仅仅是金属和宝石外观造型的设计，它需要涵盖更多的内容：从产品本身的主题创意、形态到产品的宣传、促销，从对消费者的研究到对消费者的引导……

本书是为珠宝首饰设计专业而编写的设计参考教材，不仅仅着眼于绘图技巧与制造工艺的讲解，更为重要的是分享我们系统性的创作方法。

第一部分为珠宝首饰设计基础和设计创作流程的讲解。

第二部分为如何提升珠宝首饰设计价值的策略和方法。

第三部分为珠宝首饰设计师的创作实例解析及附图。

本书与同类出版物相比，具有如下特色：

首先，本教程是由长期工作在一线的资深珠宝设计师编写的，融经验和理论为一体，将基础知识放在实践操作中进行讲解。与时俱进地增加了新的理论——如何创造产品识别性研究的内容，扩大了珠宝首饰设计的知识量与创作方法，提升首饰设计的商业价值。

第二，在内容上加深了基础理论知识与专业之间的联系，避免孤立地讲授专业理论，防止珠宝首饰的设计与实践脱节,并加入了大量精美的图片，使理论知识更直观和易理解。

第三，训练的内容系统而全面。按照从易到难，从简单到复杂的方式编写内容。

为了做好这项工作，我们在不断地努力，在编写的过程中，不断修订，不断更新、增减。做到图文并茂，质量再好一点，信息再多一点。力求把它做成一本有价值的珠宝首饰设计参考书，使它惠及国内每一所珠宝首饰设计专业的院校，以及由社会力量开办的珠宝首饰设计培训中心，为专业教师和学生提供更具有实践性和前瞻性的参考教材。同时，也为一些有志于从事珠宝设计工作的自学者提供系统性的学习与创作方法。

编 者

2011年1月

目　　录

第一章　设计基础

珠宝设计基础包括珠宝首饰的来源与概念、设计的目标和方向、商业化社会的首饰设计类别，以及准确的设计表达等。

技术是珠宝设计师的资格证。这里说的技术包括绘图的表现能力，产品成本的控制，制造工艺的了解。设计师需要拥有独自表现作品的技能技法，无论是用线稿速写还是软件渲染，抑或直接动手起版，必须要将自己的创作意图及最终效果清晰地表现明白。事实上，绘图的工具及技法本身就含有风格特质，例如用Jewelcad电脑软件制作可以获得绝对理性的造型，效果严谨、逼真、实景般图像，而铅笔线描图反映的是感性的艺术世界,是意象的灵感,是艺术的灵魂,它可以快速地表达自己的想法和意图。有很多的设计师通过自己特别的表现技法，从而形成自己的作品风格。但对于一个刚从事珠宝设计的年轻同行来说，总会觉得无从下笔，别人的作品十分好看，自已却不知方向，其实就是自己的基础没打好，不知如何选择和取舍，不懂得造型、线条的提炼、细节的处理、效果的把握等，只有打好基础后，才会解决这些技术问题。

创意是珠宝设计作品的出生证。在一款首饰中惟有艺术价值才是设计师可以贡献的。因此，设计师必须具备从概念到完成设计的基本能力，其次是毅力，坚持和执著是设计师的基本素质。不论你的学习环境、工作环境如何，不要有浮躁心态，踏踏实实打好设计的基础比什么都重要，因为对珠宝设计而言，需要有良好的心态和痴迷的钻研精神。只有耐得住孤独和寂寞的人，才能走向成功的彼岸。设计的实质和意义就是在作品之外追求精神和理想，培养自己对各方面的爱好，只有这样才能拥有良好的艺术修养和艺术品位以及超前的创新精神，进而对珠宝设计有实际的操作能力和良好的美学鉴赏能力。而只有个人的道德文化、品位修养、思想境界、情感表达、表达技能都达到了相当的水平时，珠宝首饰设计创新才有良好的基础。

第一节　首饰概述

对首饰历史及其本质的探讨，是探求首饰的形成和发展及材料、工艺演变过程的一个基础和前提，它对引导首饰消费及研究首饰设计的发展趋势具有重要意义。

首饰作为一种身份符号，从古至今，它都象征着权力与社会地位。在原始社会中，最凶猛的兽骨、兽牙，最漂亮的羽毛等一定是部落的头人佩戴。到封建社会，最贵重的珠宝首饰一定属于皇帝或皇后。即使到了现代，首饰依然是一个阶层的身份符号。虽然已经平民化，其符号价值也多元化，或展示个性，或传达情感，或炫耀财富，或标榜品位。但追求最高社会阶层的符号价值依然是社会的主流。在商业化的社会中，首饰设计的目的是为消费者创造更高的符号价值。

人类佩戴首饰的历史非常悠久，最原始的首饰可以追溯到人类的石器时代。1.9万年前，北京周口店的“山顶洞人”就使用由兽骨、兽牙和贝壳等材料穿孔，并用赤铁矿粉染成红色的串饰。这是迄今考古发现的最早的一件首饰。向自然索取食物，需要勇敢和力量，没有比野兽更大的力量是捕获不到动物的；躲避抵抗猛兽的侵害也需要智慧和力量。人类为了生存发展，就需要不断地与野兽搏斗，因此佩戴野兽的骨骼和牙齿以及自然界中美石制品，可以表示自己能战胜野兽，使原始人得到强大的精神力量。在生存斗争中，最有能力捕获猎物的人成了原始部落的英雄。也就是说，这些装饰品最初是作为人类在劳动中的智慧、勇敢和力量而被佩戴的，慢慢地演变成象征权力与地位的一种身份符号。

首饰的符号性质

其一，身份象征。远古时代，个人的身份地位越高,威望越高，他也就越有可能佩戴更多更贵重的首饰。事实上，这些勇敢者往往喜欢用一些鲜艳夺目、便于识别的饰品戴在身上，如美丽的羽毛、猛兽的牙齿、难得的贝壳乃至贵重的“美石”(玉石)等作为象征身份的标志，炫耀自己的力量和权威。

其二，图腾崇拜。日月星辰，风雨雷电，这些本来都是普通的自然现象。但在原始人看来，这些东西都具有某种神奇的力量。原始人与大自然朝夕相处，与太阳、月亮、星星、河水以及飞禽走兽相依为伴，

皇冠是古代君主戴的象征至高权力的帽子,由贵重金属制作,镶有贵重宝石,配以非凡的设计和精致的制作工艺，是身份和权力象征;是财富、历史文化、精湛设计和顶级工艺的结合典范。(叶志华作品)

他们非常崇拜这些自然界赐予他们生存的物质。久而久之，这些物质深深地印在他们的脑海中，成为一种具有神奇力量的图腾。他们或者把它视为自己的祖先或者保护神；或者把它看作是本氏族、本部落的血缘亲属而加以膜拜。人类为了使这些图腾能够保护自己，就将自己同化于这些图腾。慢慢的，人们把这些图腾融入了他们的首饰中，把首饰做成这些图腾的形象或形状，如像太阳，满月一样的圆形手镯、戒指，像鸟形状的冠、发束等等，或者直接佩戴飞禽走兽的牙齿和羽毛。

其三，护身符。人们相信万物都有灵魂，而且灵魂有善恶之分，给人类带来幸福和欢乐的是善灵，相反带来灾难和疾病的是恶灵。人们为了使那些恶灵不能近身，同时能够得到善灵的保护，便用绳子把贝壳、小砾石、羽毛、兽齿、树叶和果实等东西戴在身上，他们相信，这些东西具有一种人眼看不见的超自然的力量，有了它人就能得到保佑，邪恶就会被驱走。这些起保护和驱邪作用的东西后来就以某种装饰品的形状佩戴在人体上，成了一种专门的首饰。而且，这种习俗与意义也被保留下来，首饰也被人类赋予了更多美好的寄托与神秘的色彩。

其四，吸引异性的符号。动物身上的色彩和图案也是一种体饰,属于生物性质的自然体饰，雄鸟的头饰、项饰、胸饰、尾饰等等往往在繁育季节呈规律性的变化和显示，而且这些装饰对吸引异性颇有功效，大量生物学材料证明动物的美丽装饰在性选择过程中具有很大的优势。人的装饰品正是动物自然装饰延伸的质变。

早期原始体饰形式主要为：项饰、腰饰、臂饰、腕饰、头饰等几种,而这些形式中尤以项饰和腰饰为主。它们很大程度上是围绕人体生殖区而装饰的，究其原因，除了这些部位有支持佩戴物的能力之外，大量研究表明这种选择还另有目的：生理本能。在古埃及墓的原始壁画和古印度原始岩画中，我们会发现这样的现象：画中的人体的生殖器常被肆意夸大，并在其周围点缀着用珠串、贝壳及花卉羽毛组成的装饰物。在现代原始部落，如生活在非洲腹地的原始怒拨人，他们在进行舞蹈时也常在胯部和胸部挂上一些用木珠、羽毛，甚至美丽的石(玉)珠串起的装饰品。在

蛇具有正负不同的信息，蛇不但有欺骗、邪恶、恶魔及死亡的负面信息，也具有智慧、拯救及医治等与生命有关的意义,有些宗教象征中，蛇代表神秘的能力、医治及免除死亡的生命力。特别是在《新约·约翰福音》中，被等同为十字架上的基督。（图片来源于西班牙MAGERIT珠宝）

“罪”是十字架最重要的内容，包含了“犯罪”和“受罪”两个层面。“爱”在天主教和基督教中指施爱与被爱。上帝施于人类的苦难是施爱（即受难），人类通过修炼，从苦难中解脱是被爱。这里所谈的“罪”不是国家与社会意义上的犯罪，而专指原罪。原罪包括七大罪：骄傲、愤怒、不贞、贪食、懒惰、贪婪、嫉妒。《圣经》称人人都带着这七种“罪”降生于世，必须通过一生的忏悔行善方可洗清，死后才能升入天堂。因此十字架成为宗教符号。

裸体通行的时代和部落中，对于生殖器的暴露、人们习以为常、不足为奇，而当男女们用光亮的流苏加在上面时，不论是一对斑驳的羽毛、一串小珠、一簇叶子或一个发亮的贝壳就不能逃避同伴们的注意，这小小的体饰实际上成了很强烈的性感的刺激物。它的目的是显然的：自我炫耀、吸引异性。

第二节　设计概述与方法

珠宝首饰设计要求能够为现有的市场带入全新的概念，是一系列活动的互动与整合的过程，在这一过程中，包括了最初产品的外观构想，市场分析定位、市场开发、技术实现、研发、生产计划以及为确保各项计划有效落实的设计管理等多方面的内容，甚至还要包括制订新产品的市场销售渠道、推广宣传等计划。

珠宝首饰设计包含在产品开发的整个过程之中，由各项符合市场开发与商业运作的技术活动构成。它包括对产品构想进行符合技术规范要求的发展，新思路的发展以及将技术因素融合到新产品之中。设计师除了必要的传统设计理论与方法的基础知识外，还要求具有相关的学科与技术，尤其是制造工艺、系统管理技术、材料知识与经验及广泛的自然科学知识等。此外，设计产品总是以满足社会需求为目的，因此，还要求具备政治、经济、法律、人文社会、艺术等方

当代的首饰除了展示社会身份地位以外，需要凸显个人气质与文化品位,因此，设计师需要在首饰设计中融入更多人文价值与真实的情感表达。此作品名称为《孕育》，是用珍珠设计制作的手镯,具有赞美生命的象征意义。在珠宝设计界，珍珠向来是各顶级品牌的宠儿，珍珠收藏热潮从未退却。(图片由深圳丰沛珠宝有限公司提供)

面知识与素养。

一、珠宝首饰设计的概念

(1)珠宝设计是一种商业活动。设计师的任务就是运用人文知识与法则去创造物质文明，珠宝首饰设计必须秉承严谨的科学精神和造型美学的结合，为珠宝品牌商提供富有创造性的和切实可行的产品设计解决方案,以专业知识最大限度地增加产品的附加值，提高产品竞争力，创造品牌价值,为客户提供“艺术的商品”。

(2)珠宝设计是一种创造性的智力活动。设计的全过程，需要设计师提出各种不同的构思和设想，具有灵活运用知识和经验处理技术、经济等问题的能力和优良的品质、作风，能创造性地寻求设计目标和任务的实现。

(3)珠宝设计是一个综合、决策、迭代、寻优的过程。设计流程就是输入信息→处理加工→综合、判断、决策→输出信息，是寻求满意的设计目标、方案、参数、结构等最优的过程。设计过程也是一个信息综合、反馈(或迭代)、交流的过程。由于设计要求和约束条件及多种约束之间相互制约，甚至是相互矛盾的，虽经优化，也只能综合、权衡各方面因素取得相对满意的结果。

二、珠宝首饰设计的阶段

珠宝首饰设计的阶段：一是，生产型的珠宝设计。二是，营销型的珠宝设计。三是，策略型的珠宝设计。珠宝产业发展的阶段性，体现了珠宝设计在珠宝产业中的作用，决定了珠宝设计师的行业地位。以下简要分析珠宝设计在这3个阶段的作用与影响力。

1.生产型的珠宝首饰设计

这个阶段的设计含量较低，以制造技术为主，评价珠宝设计水平的高低是:“能够方便地生产的设计才是好设计，能够表达清晰的图纸就是好图纸”。生产型的珠宝设计强调设计与制版的紧密结合。天花乱坠的概念设计在此阶段没有市场。变换款式是珠宝设计师的核心工作，所以冠以“绘图员”这一称号更合适。对于珠宝首饰企业来说，没有太多的预算花在设计上，大部分珠宝首饰企业都没有自己的设计部门，靠的是购买廉价的复制版,“起版师”是这一阶段的珠宝企业核心人物，珠宝设计师没有影响力，是为起版做辅助性的工作。因此我们可将这阶段的珠宝设计师称之为“辅助型设计师”。

2.营销型的珠宝首饰设计

当珠宝企业发展到一定程度后，厂家的重点逐渐会转向潜在的顾客身上。营销型的珠宝设计将同市场营销策略和活动紧密结合起来。从某种程度上来说，珠宝设计将成为整合营销传播的一个环节。并且是其中的至关重要一环，因为没有好的设计，就没有好的产品，没有好的产品，整合营销传播便是“王婆卖瓜，自卖自夸”。这阶段评价珠宝设计的标准是:“卖得好的产品才是好设计”。珠宝设计的工作不仅仅是画图，还要参与生产及营销。工作模式有所改变，第一个明显的改变是：先调研，后设计，珠宝设计师要参与产品开发前期的调研活动。第二个改变是：强调团队合作，珠宝设计师与市场营销人员以及起版师等生产人员的合作将更加频繁。这阶段的珠宝设计师掌握了部分话语权，但并不是企业的核心，珠宝设计师的工作只是协调性的，因此我们可称之为“协调型设计师”。

3.策略型的珠宝首饰设计

设计创造品牌价值，在自主品牌时代，珠宝设计将成为商业策略的一部分，设计策略将成为企业品牌策略的重要部分，珠宝设计能够为品牌创造出新的商业价值。首先是产品形象识别成为可能，跳脱产品同质化束缚，每个品牌都要有自己的个性，这种个性也将体现在企业的所有产品家族成员中。另外，设计方法上将更加强调团队合作和跨界合作，团队成员将来自更广阔的领域，如品牌策划专家、营销专家、材料专家、工艺师、软件专家等等。产品设计成为品牌战略核心，珠宝设计师掌握了绝对的话语权，团队的成员围绕珠宝设计部门工作。

三、商品化的首饰设计

当商品交换成为社会资源的主要分配方式时，珠宝首饰才有了商业价值，珠宝设计是在商业化的竞争下出现的。商品化的首饰设计有以下几个特点：

(一)为大众创造潜在需求

随着商业化的兴起,人类的设计活动步入了一个全新的阶段,即商品化设计阶段。生产力水平的极大提高使得设计从制作劳动之中彻底地分离了出来,组织化程度加深,产品设计渐渐为专门化的设计人才和专业化的设计组织所垄断。至此,设计走向了真正意义上的商品化,并在后工业时代达到了“白热化”状态。交换行为的介入,使得设计师除了要考虑使用价值之外,还必须考虑设计的交换价值。而商家为了获得利润，不断地挖掘消费者的潜在需求。DTC以“钻石恒久远，一颗永流传”的价值诉求打开了钻石的市场，使钻石首饰成为了结婚的必需品。这类设计是导向型设计，将情感诉求和元素融入产品中，引导大众进入预期的消费领域。

(二)设计具有明显的功利性

由于受利润至上原则的支配,设计师工作的重心由设计的艺术价值转向了交换价值,而设计对象的内容与形式，技术与艺术，功利与功能等诸种矛盾却得不到足够的关注，使得设计失去了自己的主体性而沦为利润的奴婢。设计师致力于扮演好商品交换中“卖方”的角色，淡化了作为“传播美的使者”的社会责任感，使设计带有浓厚的功利性。无论材料、风格、造型与成本控制都完全立足于商品化的思路，艺术性让位于功利性，理性代替感性，为了迎合市场，设计师的真情实感很难在作品中表达。只要客户满意大众喜欢，设计就是成功的，反之则是失败的。

这类设计是迎合型的设计，根据社会消费心理及其走势，提供符合消费者的审美喜好和购买心理的设计方案，由于这种设计具有极大的市场潜力，因而是最常见的设计方法。

(三)设计成为商业化运作

1. 批量化生产的首饰设计

首饰设计通常的运作模式是：由策划部先做市场调查，做好产品的规划方案，制定材料、成本、工艺、目标消费群、市场区域等各项详细指标，然后交给设计部门设计产品。这种运作模式的特点是：产品规划方案比设计更重要，如果规划方向错了，产品的设计不论“好”或“坏”都失去了意义。结果是设计受利润驱使而逐渐偏离初衷，消费者由于受到不正确的

《天赐良缘》

以流畅的曲线及曲面为设计语言的结婚首饰。由于一些国际钻石机构及商业首饰品牌公司大力推广,目前钻石婚庆类首饰已经成为中国首饰市场的主要品种，其市场份额高达60%以上。(图片由内蒙古自治区铭泽钻石名店提供)

设计师: 叶志华

引导而陷入盲从。设计师强化了商人的角色而淡化了作为“传播美的使者”的社会责任感。因此，珠宝设计师要努力平衡功利与艺术的统一。

2.单件的首饰设计

(1)高级订制，所谓高级珠宝定制，是指设计师根据客户提出的要求进行一对一的设计生产，强调专属感和个性化，旨在为客户设计出独具特色的珠宝首饰。高级珠宝定制是一个让顾客体验尊贵服务的过程，在人力、财力、物力三方面都会有极其大的消耗，它呈现出的一种举世无双的奢华艺术。

(2)异形材质的首饰设计。有些贵重原材料是不规则的,因此无法进行批量生产，每个都要根据它的形状和价值等因素进行设计制作,是一种无法复制的珍宝。这类首饰的设计更能体现设计师的艺术素养和综合水平,在设计过程中要从主题、材料形态、大小比例、主次关系等因素综合考虑。造型简洁、主题鲜明是异形材质首饰的设计要点。

四、定制首饰设计赏析

价值连城的高级定制珠宝，可谓惊鸿之作，专属设计，个性表达，至臻至美至奢，代表了人类对美和奢华的极致追求。作为奢侈品的珠宝首饰，在其高贵品质中流露出的是设计者的思想与艺术造诣，珠宝也就自然成了一种源远流长的创意载体。相对于零售市场而言，高端珠宝定制对珠宝设计能力的要求会更高，标准会更严。高级定制更能考验设计师的领悟能力、创新能力。不仅要求创意独特、表达专业、构思巧妙，而且需要设计者能将客户多方面的个性需求与独特气质有机地结合在一起。(图片由深圳宝怡珠宝有限公司提供)

钻石镶口的创新是中国婚戒的主要设计方向。中国笼系列，以传统灯笼为造型的中国符号元素，延续“中国风”的潮流趋势，独创了形似灯笼、圆满精巧的中国笼镶口，蕴含着悠远而深厚的中国内涵，其婉转流畅的环脉以及镂空的设计，更显中国韵味。(图片由深圳宝怡珠宝有限公司提供)

五、品牌化的首饰设计

（图片由铭泽钻石珠宝有限公司提供）

珠宝设计迎来了以产品设计为核心的品牌时代。如何用创新的产品打造一个具有高度识别性的商业品牌？如何让消费者通过创新的产品及优质服务记住你的品牌？以下提供一些方法和思路。

1.产品识别性是品牌形成的DNA

品牌的英文单词“Brand”，源出古挪威文“Brandr”，意思是“烧灼”。远古时代，人们用“烧灼”这种方式来标记奴隶及家畜等需要与其他人相区别的私有财产。到了中世纪的欧洲，手工艺匠人用这种打烙印的方法在自己的手工艺品上烙下标记，以便顾客识别产品的产地和生产者。这就产生了最初的商标，并以此为消费者提供担保，同时向生产者提供法律保护。现代的珠宝首饰行业，商家则直接在珠宝首饰产品上用激光等高精尖设备雕刻上品牌的标志。

由此可见，品牌就是具有识别性的商业符号，其本质是一个信誉体系。消费者不需要亲自搞技术检测，凭借品牌可判断产品质量及其服务体系的优劣。具体专业化的质量技术检测，留给专业部门去做，这是一种社会分工体系，是社会进步及文明的产物。因此，品牌不但缩短了消费者的购买决策过程，而且让商家以产品为核心进行优胜劣汰的市场竞争提供了途径。品牌的高级层次是社会阶层的身份符号，不同层次的品牌对应不同社会阶层的消费者，其划分方式是价格。

2.产品规划是品牌策略的基础

产品线的规划在品牌战略中具有独特的位置和不可取代的价值，而产品设计的先导性及高度的辨别性是在品牌开发之始就必须具有的。在产品高度同质化的今天，如果抛开产品规划与创新的设计，要打造具有识别性的商业符号，无疑是困难的。

当我们谈及一个真实的品牌时，产品设计的感觉往往在第一时间出现，产品与品牌具有高度的联系，有些产品的造型甚至成为品牌的符号及象征。如卡地亚的猎豹系列，猎豹主题象征的是令人倾倒的诱惑、神秘的美与无法驯服的个性特质；LOVE系列以螺丝及锁匙作为设计元素，将这份“爱”意紧紧锁于爱侣的手上。这只手环由十二颗螺旋钉栓扣，而最特别之处是其开关方式，因为手环以螺丝扣紧，所以每只手环都会附送一条18K金的专用螺丝批造型的颈链，以附送的螺丝批将手环打开或扣上。此设计正好有将爱侣紧紧扣在一起的寓意，所以一推出即大受欢迎，成为该品牌最具代表性的设计产品。

3.产品定位是品牌营销的利器

设计创新，从本质上讲，具有创造性、表现性，同时具有服务性、参与性以及先导性。它通过特定主题和载体，以有效的形式，影响与体现社会、经济、文化和生活方式及情感、形态、过程。在当今市场上的竞争，获得成功的惟一希望就是有选择地把精力集中在一个狭小的目标上，进行市场划分，目的是把生产或销售的产品针对一定时期、一定范围、一定目标客户，进行有目的的设计、生产、销售，使得品牌商能在饱和的市场上为自己的产品开辟出特有领地。产品的设计定位目的也就在于此，促使设计以市场为导向，而不是以产品为导向，根据即时市场或潜在需求进行定位。

因此，珠宝设计师不再是孤立地在工厂画图，被动地等候市场对产品的反馈，而是从产品开发前期就同产品规划、生产、销售建立广泛的联系和沟通，参与意见，提出建议，把设计作为产品开发的主导，真正发挥设计师的作用。

4. 产品与服务是品牌体验的核心元素

品牌体验是企业以服务为舞台，以产品为道具，围绕消费者创造值得回忆的活动。珠宝首饰产品“试戴”体验是顾客对珠宝品牌的具体经历和感受，“试戴”强调的是企业通过营造体验给消费者带来尊贵感受从而获得心理满足。让顾客体验产品设计的创新性、舒适性及情感共鸣是产品营销的有效手段和途径。所以，传统的实体店比网络商城更具有吸引力，虽然网络营销的价格更低，但它缺乏让顾客试戴产品及导购服务的体验过程。产品外形的新奇美观及舒适性在顾客体验中是非常重要的，因为“产品”和“服务”是体验营销目标得以实现的核心元素。在众多的产品中，只有创新的设计及专业的服务才能吸引顾客的眼球，并获得顾客的信任与尊重。如蒙牛、伊利等牛奶企业通过让观众参观工厂，让参观者了解并实地体验牛奶产品的生产流程，目的是挽回消费者对中国牛奶制品品质的信心，这是体验式营销的成功案例。

品牌商必须根据自身的产品设计来营造与目标顾客心理属性相一致的体验，从而让自己的产品成为能与消费者产生共鸣的“生活同感型”的产品，让顾客与产品产生情感交流与共鸣。有很多零售商都曾策划过与婚姻有关的活动，如结婚照的征集、集体相亲、爱情宣言的征集、婚嫁用品展等，企图唤醒观众的爱情记忆，目的是推销婚戒等珠宝首饰。产品决定体验，体验提升产品，两者息息相关，任何脱离真实情感信息的品牌体验不过是空中楼阁，也是不现实的，市场定位不清晰或者情感信息表达模糊的产品，不可能让顾客在体验中获得愉悦、产生好感、提升销量，对品牌反而是一种伤害。

综上所述，精准的产品规划、差异化的产品定位、清晰的情感传达是创造商业品牌的有效途径，而产品创新则是品牌发展的灵魂。

以流畅的曲线及曲面为设计语言的首饰。（图片由铭泽钻石珠宝有限公司提供）

设计师：叶志华

火造型之热烈
Fire MODELING
那颗不安分的心，永远是女人前进的动力。
MH0382
18K白、玫瑰金真分色四爪镶嵌，
抛光完美，钻石耀眼夺目。

心造型之梦想
Heart DREAM
生活的理想是理想的生活，为了心中的理想，
女人一直努力着。
MH0391
18K白、玫瑰金真分色槽镶技术，金属
造型丝质柔滑，钻石润泽照人。

蝴蝶造型之奢美
Butterfly SHAPE

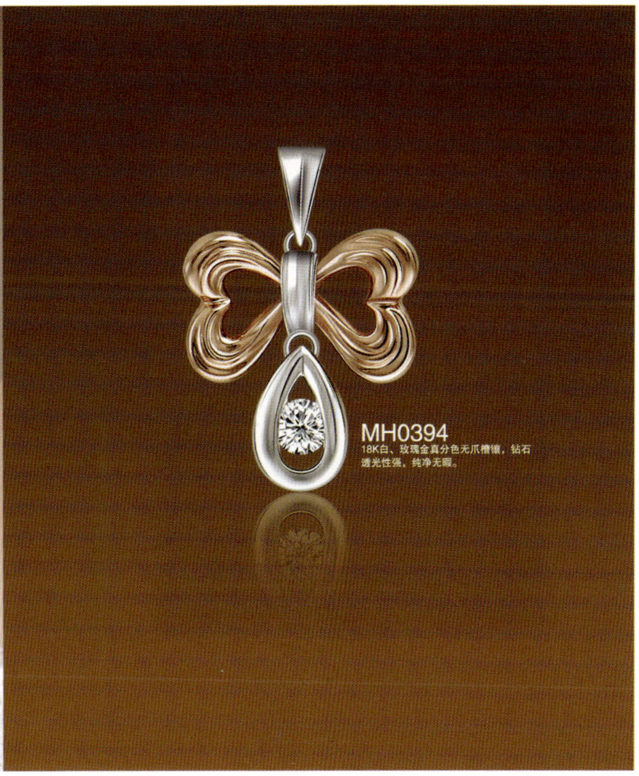
MH0394
18K白、玫瑰金真分色无爪槽镶，钻石透光性强，纯净无暇。

香水瓶造型
自信
Confident

MH0388
18K白、玫瑰金真分色四爪镶嵌，曲线光滑，造型完美，钻石璀璨。

丝巾造型之优雅
ELEGANT

MH0373
18K白、玫瑰金真分色六爪花色造型镶嵌，金属的柔性与钻石完美结合。

心造型之

MH0370
18K白、玫瑰金真分色四爪花瓣型镶嵌，工艺繁复细腻，钻石清亮诱人。

水滴造型之美艳
Water DROPLETS FORM
其实她们不知道，在美丽的外表下，我有一颗如水般纯净的心。

MH0385
18K白、玫瑰金真分色六爪镶嵌，经典水滴造型，凸显钻石火彩。

心造型之知性
Heart INTELLECTUALITY

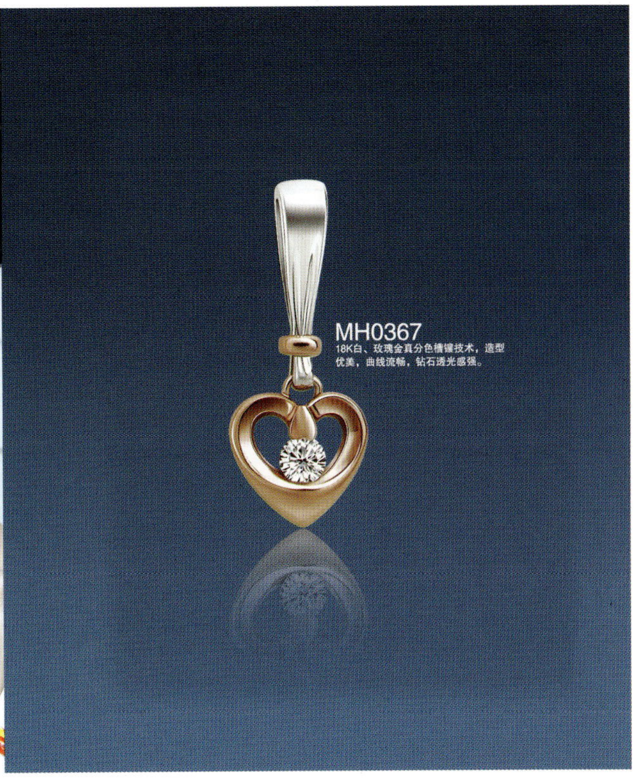
MH0367
18K白、玫瑰金真分色槽镶技术，造型优美，曲线流畅，钻石透光感强。

六、设计元素的选择

设计是一个思维创造活动，是对原始的设计元素进行定义、挖掘、分析、概括、变形、变异、分割或组合从而得到能体现设计师思想的一种表达方式。这个活动过程包括两个方面：原始设计元素的选择和原始设计元素的演绎。

设计来源于生活，生活启发设计。原始设计元素来源于设计师在观察生活的过程中记录下来一些点滴的感悟。这些记录蕴含着丰富的设计内涵，包括历史的、现代的、未来的，东方的、西方的等。设计师对生活感悟的记录不同于基础的美术绘画，它着重于珠宝首饰的特征、内涵、结构和规律的分析，当然也会去考虑质感、光影和色彩。另采用不同角度的观察和选形，可以增强选择设计元素的能力和途径。

七、设计的演化

原始设计元素经过时间的演变终于变幻成简洁的造型。主要的设计演绎方法有：变形、变异，组合、分割等。

1. 变形、变异在首饰设计中的应用

变形、变异可以使首饰造型具有生命感、思索感。具体的方法有：

(1) 扭捏，使首饰的造型变的柔和且富于动态。

(2) 扩张，表现出内力对外力的挤压，富有弹性和张

细胞Cell

细胞是生命的基本单位，承载着生命的成长与革新，象征着生命的原点与鲜活。作者立意尊重生命并感动于成长，创作了“细胞”，它是对微观世界生命体的赞美，大晶石与钻石微镶的工艺还体现出设计对体、面、线之间的精妙把握。(图片由TTF提供)

力。

(3) 倾斜，表现出倾斜面，产生不稳定感，达到动感的目的。

(4) 缠绕，使基本形体变得繁复多变，产生曲折感，给人一种快速，前进，运动的印象。

2. 组合、分割在首饰设计中的应用

组合的形式很多，有对称、重复、渐变、突变、对比、调和等。形式法则的应用使原来一个简单的设计要素演绎成一个复杂的、有丰富情感的设计。组合的价值在于对形体有不同角度、不同层次的认识和发现，寻觅到最佳的视觉效果。

分割，指的是对基本形体进行分解形成新的造型特征。分割的线面，可以为直的线面，也可为弧的线面；切割的方向可以为横向，也可以为竖向、斜向及旋环等。分割的价值在于解读和改变已有的结构和形象，得到所需要的造型元素和最佳的视觉美感。

八、首饰仿生设计

仿生设计，即以自然界的动植物为形态的首饰设计，一直受到大众的喜爱，它体现了一种具象化的形式美。生物的意象在人类认识自然的经验与情感积累的过程中产生。通过仿生的造型方法，让设计回归自然，让首饰与自然产生联系,通过形态、结构、功能、色彩等方面对首饰造型语言进行重新创建。其中形态的设计是在

利用镶嵌彩色宝石的小方块通过不同的方式组合而成的珍珠首饰，由于基本的视觉元素是相同的，由此产生的是系列化的感觉，这是首饰设计演化的重要特征之一。(图片由丰沛珠宝有限公司提供)

对自然生物体包括动物、植物、微生物、人类等所具有的典型外部形态的认知基础上，寻求对产品形态的突破与创新。人们希望首饰传达的不是冰冷的理性与功能，而是热烈温情的感性之美，赋予首饰生命的张力。形态各异的不规则珍珠，给设计师们提供了无穷的想象空间。很多天生造型各异的珍珠，因为巧妙的设计和灵光一闪的构思，成为经典和永恒。

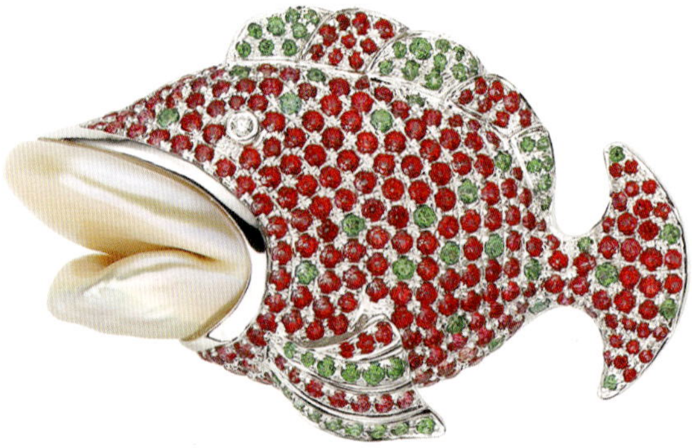

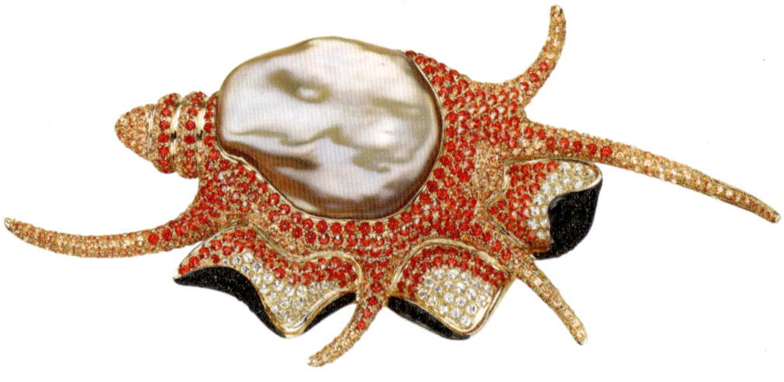

此系列作品以异形珍珠为元素展现出一个个生动活泼的动物形象。震撼视觉的同时也发人深思，无论形体或线条和色彩都流露出设计师对首饰语言深厚的驾驭能力。由于异形珍珠是独一无二的，每个都需要单独设计制作，因此这类首饰是无法复制的奢侈品。(图片由丰沛珠宝有限公司提供)

九、传统图案的现代设计

(图片由吉盟珠宝有限公司提供)

不同民族、不同时代、不同国家的装饰图案都拥有各自独特的艺术语言，张扬着延续性、继承性和创造性的优秀传统，成就着一笔笔辉煌的文化遗产，富有历史价值。

中国传统图案是中华民族文化的精华。它既是中华民族悠久历史的象征和表现，也是现代艺术取之不尽、用之不竭的源泉。传统图案多是人们想像幻化出来的美好事物，即便是描绘现实中的事物，也经过了加工和变形，力图表现一种圆满和谐的意境和美感。具体包括瑞兽图案、吉祥画、汉字图案、古代花边纹样、花卉图案、诸神图案、仕女图、中国古代家具和建筑图案、中国化的佛教图案、生肖图案以及我国少数民族服饰图案等。以商周时期青铜器上的“饕餮纹”为例，这个出现在祭祀活动器具上的图案显得非常神秘而且庄重。再比如汉代代表图案“瓦当图案”，大多数以动物、植物、文字符号和几何纹为主，其中包括大众所熟知的朱雀、青龙、白虎等，取材多与吉祥、避邪有关，造型简洁有力，极具韵律美。

要赋予传统图案新的时代感。首饰设计的风格千差万别，往往是通过形式、材料、色彩、图案或者工艺等表现出来的，这些风格或细腻、或粗犷、或朴素、或华丽。作为图案应该尽可能与作品的风格和谐一致，从而对整体风貌起到渲染和强调的作用。提炼出中国传统图案的精华，结合现代审美标准充分考虑珠宝首饰的时代性、地域性特点，有利于强化传统风格的表现和运用。传统图案作为手工业时代的产物具有一定的历史局限性，在许多方面已不适应现代设计发展的需求，但不能因此说传统图案已经过时了。继承传统不是复古，更不是照搬，不能仅仅局限于“龙、凤、福、禄、寿”等图案纹饰。因为时代是在不断前进的，把民族化与现代化截然分开是错误的。在选用具有民族特色的中国传统图案的同时，要赋予它们新的时代感，要注意吸收先进的设计理念和科学技术，紧跟时代潮流，推陈出新，给人一种全新的感受。传统应是一种风格，一种时尚，可以通过多种途径在传统图案中体现出时代感。

祥云符号、中国古币、桃心等充满了喜庆、吉祥、幸福、富贵的中国符号融入情侣对戒，表达对情侣的真诚祝福。(图片由吉盟珠宝有限公司提供)

中国传统文化中的古瓷器、抽象的回形纹，适合于不同的人群,祥云符号及中国回形纹的创造性融合是中国文化的内在精髓与时尚表现的完美融合。(图片由吉盟珠宝有限公司提供)

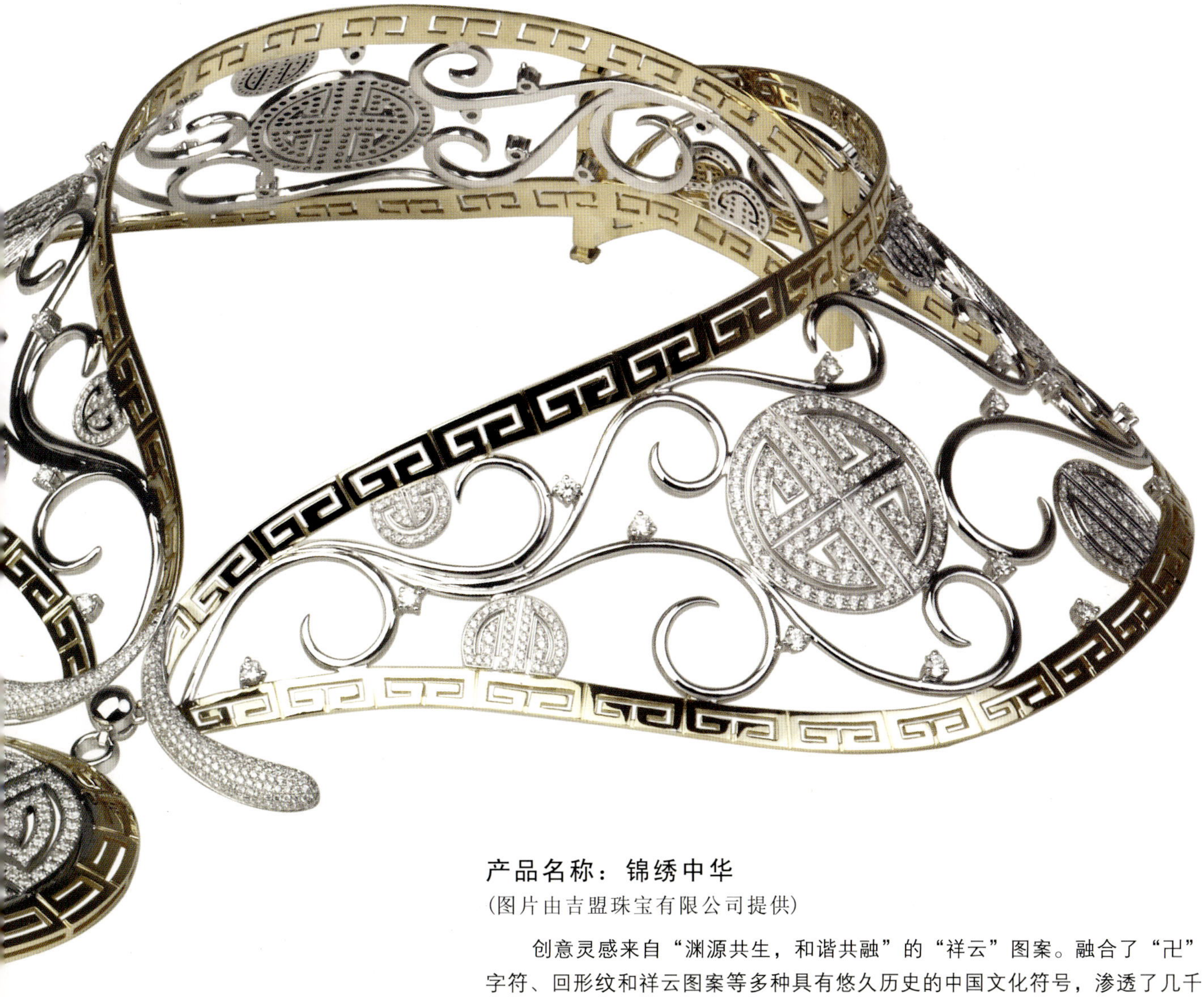

产品名称：锦绣中华

(图片由吉盟珠宝有限公司提供)

创意灵感来自“渊源共生，和谐共融”的“祥云”图案。融合了“卍”字符、回形纹和祥云图案等多种具有悠久历史的中国文化符号，渗透了几千年文化的优美飘逸的造型和美好吉祥的象征意义，洋溢着浓郁的民族气息。祥云的文化概念在中国具有上千年的时间跨度，是具有代表性的中国文化符号，有着丰富的文化内涵，传递着天地自然、宽容豁达的东方精神和喜庆祥和的美好祝愿。

十、形式美的表达

首饰形式美的表现体现在以下几个方面：

1. 单纯齐一

这是最简单的形式美。在色彩和款式上的表现为齐一或反复，风格上的一致性给人有序感，体现节奏感和序列之美。

2. 对称均衡

对称是指形式中以一条线为中轴线，线的两端或左右相等或旋转相等的一种组合，它常给人稳定和庄重之感。均衡由对称演化而来，其中轴线两侧的形状并不完全相同，但视觉质(重)量却相等或相近。与对称相比，它更自由和富有变化。一般首饰中的戒指、手链等物件的设计都要重视对称均衡，如中间镶较大的钻石，两侧镶等量的小钻石或有色宝石就是一种均衡；冷色的铂金镶冷色的蓝宝石就是一种均衡,暖色的K黄金配红宝石也是一种均衡。首饰的形体迭加，纹饰变换，节奏变化中仍要注意保持均衡，体现首饰的稳定感。调和对比是反映矛盾的两种状态。调和是在差异中趋于一致，对比是在相似中突出不同。调和是把相近的两者并列。如色彩中红与橙、橙与黄、青与紫等。在同一色彩中深与浅，浓与淡的组合也属于调和。对比是把极不相同的两者并列，使人感到鲜明，振奋，活跃。如构图的虚与实，形态的方与圆，位置的远与近，颜色中的黑与白等。过分的对比显得纷杂，刺激；而过分的调和则显得不够生动。

3. 比例适当

指事物整体与局部或局部与局部的数量关系。如戒指的戒面大而托细，项链粗而吊坠小都属于比例失调而显得不美。另外首饰设计作为立体造型，还要注重重心的比例位置是否适当，以免影响首饰的稳定感。视觉上的不稳定将导致心理上的不稳定，不能给人美的感受。但异形首饰除外。

4. 多样统一

多样是指形式中各个整体之间和整体中各个部分之间因差异而具有的一种组合。统一是指各个组成部分的协调及和谐。这是形式美法则的高级形式，产生的整体效果既体现事物的千差万别又体现事物的共性，首饰既表现得丰富生动，又富有秩序和规律而不杂乱。这在系列首饰或大件组合首饰设计中必须考虑。

以中外建筑为设计元素的首饰，通过多种形式的表达手法，体现了首饰的意境之美。(图片由深圳市丰沛珠宝有限公司提供)

第三节 设计语言

首饰艺术的价值是设计师赋予的，并通过工艺师去实现。艺术的价值在于美及创新。那么，什么是美？美是一种优化信息。如果从纯艺术的角度出发，美是千姿百态的，并不存在先进与落后的差距，而且每个人的审美标准不同，“各花入各眼”，无需进行权威的鉴定。然而珠宝设计是一种商业性的社会行为，必须尊重历史文化的潮流趋向。因此，对于创新中的“新”，我们必须有清晰的价值观的取舍，不能以时间上的“新”代替设计造型语言中的“新”。造型语言的模糊和混乱，以功利性的概念创新代替设计造型中的创新，是目前中国首饰行业最大的误区。其后果是造成了目前落后的工美主义首饰占据主流的市场的现状。事实上，对于商业首饰设计而言，创新是一种造型语言的整合与规范，它必须具有清晰的造型特征和表达方式。每一种造型语言都有其历史背景和社会因素，通过大量的资料研究，现概括出以下三个主要阶段的造型风格：一是工美主义，又称工艺美术主义，是起源于19世纪下半叶的英国，它强烈反对工业革命后大批量机械化产品的粗劣风格，同时又不认同维多利亚时代的烦琐装饰遗风，主张师法自然并借鉴中世纪朴实完美的象征主义手法，崇尚手工制作技艺，形成了一种广泛的世界性流派。强调装饰性，工艺精致，具象、仿自然。二是现代主义。起源于20世纪20年代，欧洲一批精英设计师、建筑师推行“新建筑运动”，拉开了现代主义的序幕。其精神实质是打破权贵立场，倡导平民化。技术的进步主要表现在新材料的运用和机械化的发展。风格特征是极简、几何、抽象，强调功能性而没有装饰性。二战后在美国进而发展成为国际主义设计运动，现仍占据世界时尚的主导地位。三是当代的设计语言。为什么不定义为“当代主义”？因为当代的造型语言是在动态过程中，其语言特征还没有凝固。当代的造型是在极简的基础上加入了轻微的装饰性，动感、立体、曲面是其主要特征。

一、工美主义的设计语言

人的初级体验是直觉的，感观的，无论是族群还是个人，早期思想都是幼弱的，表述语言也是具体化的、描绘性的，因此这阶段造物的语言是具象的，以生动描述或模仿自然为第一能事。与此对应的是工美主义的设计,是起源于19世纪下半叶英国的一场设计改良运动，目的是诚实的艺术，主要是回复手工艺传统。他们反对机器美学，主张为少数人设计少数的产品。其特点是具象、对称、静止、形象逼真、材质贵重、工艺精细、繁琐复杂。工美主义体现的是手工艺的美，缺乏理性的思考与抽象的概括，是属于传统的经验系统，是从几千年农耕、手工艺经验中积累起来的。早期以制作宫廷用品为主，为统治阶级服务，统治阶级的审美取向是奢侈，以体现其尊贵地位。因此宫廷用品做工精致，材料稀有，是工美主义的经典。

传统的巅峰技艺

(图文由皇工世家提供)

1. 花丝镶嵌

又叫“细金工艺”，是“花丝”和“镶嵌”两种技艺的结合，用料珍奇、工艺繁复，一向是皇家御用之物，

属于宫廷艺术，也是我国传统奢侈品的传统工艺之一，现已被文化部列为国家级非物质文化遗产。明代的万历皇帝金冠，清代的金瓯永固杯、银六方盆金桃树盆景、金嵌珠宝朝冠顶，现代的珠宝天坛祈年殿、中华世纪龙等，皆是花丝镶嵌的代表作品。

花丝是将金银铜等抽成细丝，再通过堆垒、掐丝、编制等工艺进行造型。镶嵌以挫、锼、捶、闷、打、崩、挤、镶等技法，将金属片做成托和爪子型凹槽，再镶以珍珠、宝石。

花丝镶嵌，春秋时就已有雏形，在明清达到高超的艺术水平，为“燕京八绝”之一。明清后宫妃子、公主对花丝装饰品需求量大，穷极奢侈，因此宫廷设立了手工作坊，汇聚了全国能工巧匠。在老北京的大栅栏、花市和东四西四牌楼，就有100多家金店银楼生产这种花丝镶嵌。

岁月辗转，掌握花丝工艺的工匠愈来愈少，只有极少花丝镶嵌技师，以个人或小作坊为单位，进行花丝镶嵌饰品的加工。皇工世家将这些硕果仅存的工匠聚集起来，使得这一传统工艺得以传承，并将中国古典文化与现代的优雅融会贯通，将其发扬光大。

2. 烧蓝

烧蓝工艺是我国传统的首饰工艺之一，兴盛于清代，由于这种“蓝”只能烧制在银器表面，因此也称为“烧银蓝”。银蓝的色彩具有水彩画的透明感，别有情趣。

烧蓝工艺首先是在银质胎面上通过磨压、勾与抬、镂空和焊接掐制银花丝等技术制成的图案，而后在图案中点蓝、烧蓝，最后形成颜色艳丽的透明银蓝。

早期的烧蓝工艺品，是由清代内务府，广储司设的“银作”来生产，这些工艺品都是为皇宫贵族服务的，作为宫廷陈设用品，它能为宫殿增添色彩，作为皇家生活用具，更能体现出封建皇帝的尊贵地位。直到清晚期，民间银铺才开始烧制这种器皿。

3. 雕漆

雕漆工艺，是把天然漆料在胎上涂抹出一定厚度，再用刀在堆起的平面漆胎上雕刻花纹的技法，是中国漆工艺的一个重要门类，它体现了我国工艺美术家的高超技艺和聪明才智，是中华民族传统工艺的瑰宝。由于色彩的不同，亦有“剔红”、“剔黑”、“剔彩”及“剔犀”等不同的名目。它有防潮、抗热、耐酸碱、不变形、不变质的特点。

据称雕漆工艺始于唐代，明清时期达到顶峰。明代初期，由于皇宫及国礼需求日增，皇宫“御用监”在京城专门设置了制作漆器的作坊果园厂，并召请元代著名艺人张成之子张德刚主持，全国各地的优秀工匠汇聚到北京。通过雕漆艺人们的辛勤钻研，雕漆技艺日臻完善。清代继明代的果园厂之后设立了造办处漆作，由于其造价高昂，多系皇家造办处产品。清中期，由于乾隆皇帝的喜爱，宫廷监制了大量的雕漆作品，大如屏风、几踏、桌椅，小到瓶、罐、盒、盘乃至日常摆设，应有尽有。

4. 錾刻

錾刻工艺，是在设计好器形和图案后，按照一定的工艺流程，以特制的工具和特定的技法，在金属板上加工出千变万化的浮雕状图案。錾刻以其独特的艺术魅力为作品增加不少亮点。不同的錾刻技法使古今金银器上的纹样种类丰富多彩，常见有牡丹、菊花、八仙、仙女、寿星、麒麟、龙凤、飞鸟、山水等中国传统的造型。

錾刻工艺操作过程复杂，技术难度大，要求操作者具备良好的综合素质，既要有绘画、雕塑的基础，又要掌握钳工、锻工、板金、铸造、焊接等多种技术，对传统文化还要有一定的理解和鉴赏能力，而且非经长期刻苦的学习和钻研而不能很好地掌握，故从学此艺者不多。历史上錾刻工艺的传承，多是在小手工作坊中以师傅带徒弟、口传心授、手把手教的形式出现，因而至今能够全面而熟练掌握这门技艺的人日渐减少。

5. 点翠

点翠是我国传统的金属工艺和羽毛工艺的完美结合，先用金或镏金的金属做成不同图案的底座，再把翠鸟背部亮丽的土耳其蓝色的羽毛仔细地镶嵌在座上，以制成各种首饰器物。

据说，翠羽必须由活的翠鸟身上拔取，才可保证颜色之鲜艳华丽。翠羽根据部位和工艺的不同，可以呈现出蕉月、湖色、深藏青等不同色彩，加之鸟羽的自然纹理和幻彩光，使整件作品富于变化，生动活泼。

用点翠工艺制作出的首饰，光泽感好，色彩艳丽，

而且永不褪色。古代王后凤冠就采用翠鸟乌羽作为装饰，经历漫长岁月仍是鲜艳闪亮。所以，羽毛点翠工艺这项传统的金银首饰制作工艺在我国流传久远，其工艺水平不断提高，乾隆时代达到顶峰。

选用玛瑙、青金、珍珠、豆青玉、紫水晶、孔雀石等最有灵性内涵的宝玉石，用花丝镶嵌、烧蓝、雕漆、錾刻、点翠等中国古典艺术的巅峰技艺制作而成的首饰，是工美主义的经典作品。(图片由皇工世家提供)

二、现代的设计语言

随着人类的成长与成熟，感性思维渐渐地被理性思维所代替，表达的语言也变得概括和抽象，逻辑能力变得比现象描述更有价值。由于感观地位的下降,人们相信一件东西不经过理性的分析推敲是不完美的,分析推敲的不断进化影响着思维的成长，改变了思维的方式，从而改变了语言的表达方式。抽象解析的形式元素置换了感官描述性的语言。另一方面，机械化的生产方式代替了手工劳作，几何抽象的造型更适合机械化、标准化生产，更有助于提升生产率，从而压缩生产成本，提升利润。技术的创新为整个产业带来一场革命，世界工业的发展史，是一部机械化及数字化技术的创新历史。蒸汽机的出现引爆了交通行业的革命，改写了整个人类的运输方式；电话的出现引爆了通讯产业的革命，使沟通突破了距离的限制。即使是造型的创新也必需依靠技术的进步,如在建筑领域，推动创意建筑物出现的不是建筑设计师，而是结构工程师。汽车造型的创意也依靠冲压成型技术的不断突破。相反,技术的革新会带来一场设计造型的创新运动。工艺美术品由“传统”走向“现代”,其分水岭就是工业化、机械化、标准化、批量化生产的实现。现代主义在造型表现上是致力于一种非个人的、能够以工业化方式批量生产的，代表工业社会特征的新设计。现代主义的设计语言特征为：机器感强，极简，绝对的理性，功能至上，没有任何多余的装饰，特点是抽象的几何形。

依靠数控技术“CNC”生产的首饰，质感强烈，造型简约规范，有利于标准化生产。(图片由深圳宝怡珠宝有限公司提供)

三、当代的设计语言

形成当代设计语言的社会基础：一方面，社会生活和文化的多元化以及社会各阶层的人对市场的不同需求，瓦解了现代主义的设计风格，从而兴起当代设计思潮，当代设计是对现代主义设计的再次反思和重新思考。设计师对现代主义的机械化造型和抽象元素表现批判、反思的精神，并提出了一些新的观点和方法。另一方面，在科技进步发展的大潮流中，需要一种人文的回归。现代主义的“联合、封闭、整齐、统一”的特征，缺乏装饰之美，过度规范和同质化已不能适应人们的需要。当代设计成为新宠，它是对现代主义法则的超越、继承和发展。当代设计的元素和方法之一，是在规范理性的机械感的基础上加入了动感与感性的视觉体验，不对称取代对称的构图，造型的表现具有轻微的装饰性，曲线曲面，是一种动态的平衡，造型特征为非几何抽象、一体成型。

在极简的造型中加入了微妙的装饰感，具有动态之美。(图片来源于蒂凡尼珠宝)

在极简的造型中加入了微妙的装饰感，具有强烈的视觉的张力，是一种动态平衡。(图片来源于大正首饰)

第四节　设计条件

珠宝首饰设计师必须具备以下的素质和能力。

一、广博的专业知识

珠宝首饰设计是一种创造，是一种造型语言的创建，但不是发明，前无古人后无来者的设计是不存在的。因此，必须要了解前人的设计。造型和款式的变迁过程是连续的，不间断的，每一种造型都处于人类文化史的变迁途中，都是承前启后的。必须认真学习和研究前人的成就和经验。要想在设计中准确地把握现在的流行，就必须了解珠宝首饰过去的发展，掌握变迁规律。要想在设计中超越前人，就必须先学习前人的历史经验和传统技巧。同时要具备国际视野，吸取世界先进的设计造型语言。

二、良好的设计能力

珠宝首饰设计是一种造物的过程，有了好的构思后，接着就是如何来完成和实现这个构思，把设计构思画在纸上，不能说是设计的完成，那仅仅是设计的开始。珠宝首饰设计效果图是设计构思的视觉性表达手段之一，而这个设计构思能否实现，还有待于运用具体的材料、制作工艺来探索其实现的可能性。因此，作为设计师，如果对制造工艺技术等实际操作一无所知的话，其构思肯定是不着边际的。经常看到许多设计效果图画得挺美，但实际上不可能做出来的，即使勉强做出来也无法佩戴，没有商业价值。

可见，除了熟练掌握绘图技能以外，珠宝首饰设计师必须非常了解制造工艺，不仅十分必要，而且必不可少。事实上，许多设计的技巧，设计的感觉，不在纸面上，而在实际制板、镶嵌和金属表面处理的过程中。图纸上所谓的“线条”和“造型”，也绝不是纸面上的线和形，而是立体上的三维空间中的线和形，这种感觉只有在三维空间的实际训练中才能提高。而且制造工艺的进步和创新，也推动珠宝款式的发展与创新，近年来3D足金制造技术的革新，就推动了足金款式的创新，改变了足金首饰传统守旧的形象。

三、深厚的艺术造诣

珠宝首饰设计既是一种产品设计，也是一种艺术创作。因此，广泛的艺术修养对于珠宝首饰设计师就显得至关重要。优秀的珠宝首饰设计师就是具备建筑、绘画、音乐等多方面知识。全面培养自己对艺术的鉴赏能力和洞察力，对产品的鉴赏能力必须比一般人高。因为只有高出一筹，才能设计出超前产品，从而引导消费。这一能力的提高，非一朝一夕所能做到，要依靠平时多方面的艺术修养的积累和设计专业知识的积累，特别需要经常有意识地留心观察身边各种成功或失败的设计，并在其中总结成功的经验和失败的教训。只有这样，才能做到“艺高胆大”，使自己在设计上具备创造的潜力与能力。一个优秀的设计师必须是一个杂家，他并不一定精通每一门学科，但是涉猎领域越宽越好。深厚的艺术造诣决定了设计师们无穷的创造力。

四、自由的思维方式

自由的思维方式对于设计来说是非常重要的。设计师要懂得自我解脱，每个人都有很多束缚，这些束缚可能来自于外界，包括市场、上司、客户等；但更多的可能是自己给自己加的，有时候我们所学的知识或者经验都可能是一种束缚，如果能把它打破就可能有很多自由的空间。珠宝首饰设计师在日常生活中要善于思索，勇于探索，不断地培养自己的概括、溶入、舍弃的逻辑思维能力，要求设计师以更敏捷的眼光和正确的判断力不断挖掘新和美。

五、丰富的市场经验

作为一种产品设计，珠宝首饰设计作品的优劣不是靠某位专家来评说的，而是由市场来检验的。因此，设计师如果对自己所服务的目标市场一无所知，那将非常危险，因为其设计投产后很可能不被市场认可而造成积压，给企业带来巨大的经济损失，甚至使之倒闭。设计师应保持自己的个性和独特的设计风格，但这并不等于无视市场的需求。设计师与画家不同，不能孤芳自赏，一定要时刻注意把握市场的新动向，在保持自己的设计风格的基础上，架起品牌商与消费者之间对接的桥梁，既准确传达品牌的核心理念，也满足了目标消费群的潜在需求，每个细部都考虑到位，这样才能在激烈的市场竞争中立于不败之地。

六、高超的营销策略

作为一名职业珠宝首饰设计师，需要知道自己的设计特长及核心卖点在哪里，你跟同行设计师的差异在哪里。自我营销，就是把自己推销出去的过程。那么你的商业价值在哪里？你是否有成功的设计作品或商业案例？好好规划自己的形象，整体包装自己，把自己SHOW出来是非常有必要的，因为这些是让顾客看到你的能力，在众多的设计师当中选择跟你合作的重要依据。

七、高尚的人格魅力

除了具备上述的知识和技能之外，还有一个非常重要的因素，即设计师的人格。德才兼备，要做名师，先做好人。如果德品不正，不讲信誉，自私自利，遇事斤斤计较个人的得失，豪无奉献精神，那么，在工作中也就很难卖力气去敬业，很难替别人着想，也就无法与人合作。现代企业分工越来越细，优秀的产品不是设计师单个人能完成的，一个成功的商业产品，需要一个优秀的团队合作完成，珠宝首饰设计师要懂得跨部门甚至跨界合作。因此，设计师必须摆正自己的位置，切不可高高在上，盛气凌人，目空一切。能否与别人合作，往往是一个设计师能否成功的关键。

综上所述,优秀的珠宝首饰设计师就是要具备艺术家的浪漫、工艺师的严谨、工程师的理性、策划师的精准。

第五节 设计流程

设计的原意是指针对一个特定的目标，在计划的过程中求得一种问题的解决和策略，进而满足人们的某种需求。珠宝首饰设计顾名思义是设计珠宝首饰款式的一种职业，珠宝首饰设计过程即“根据设计对象的要求进行构思，并绘制出效果图、制作工艺图，再根据图纸进行制作，达到完成设计的全过程”。一般中小企业生产流程是设计稿—设计总监定稿—打版—设计师与起版师修正—修版至符合设计意念—压胶模—根据市场确定生产数量—销售—售后反馈，整个流程是由理念转化成成品的过程。

一、珠宝绘图工具及应用

1. 常用纸的种类

(1) 速描纸。白色不透明，一般速描绘图用纸张，运用于草图和灵感速记。

(2)描图纸。白色微透明，厚度薄、柔软，用于粉彩蜡笔上色、描图投影、阴影视觉、复制完稿图和修改设计，一般不防水。

(3) 描图皮纸。主要是白色微透明 (可以不同颜色),磅数高纸厚，用于粉彩颜料上色和完稿图。

2. 常用笔的种类

(1)初稿和速描。一般用B~2B，笔芯较软 (0.5B自动铅笔亦可),修改和擦拭容易。色彩部分用粉彩蜡笔上色观看色彩配置。

(2)完稿图。一般用H~4H，笔芯较硬，0.3HB自动铅笔最好,不易修改和擦拭，硬度高适合绘小钻部分，完稿上色用粉彩颜料。

(3) 彩绘。水彩笔用 000-2 号。

3. 常用尺种类

(1)固定用角板尺为 45° 和 60° 。用于垂直、水平和投影。

(2) 标准模版。基本有圆形、方形、椭圆形、多边形等,其他可依各人需求配置。

4. 珠宝绘图辅助工具

笔芯研磨器、蜡笔切削器、可撕式胶布、擦子 (软、中、硬用途不同) 、擦子挡尺、调色盘。

附图介绍

①绘图首饰模板 ②调色板 ③水粉颜料

④毛笔 (小白云,狼毫笔,描线笔,勾线笔)

⑤水彩笔 ⑥0.3自动铅笔,0.5自动铅笔

⑦0.38黑色圆珠笔 ⑧绘图铅笔(B、2B、4B)

⑨辉柏嘉0.1针管笔 ⑩辉柏嘉水溶性彩铅

⑪橡皮擦 ⑫可塑橡皮泥 ⑬A4绘图纸

⑭水纹纸 ⑮皮纹纸 ⑯条纹纸 ⑰黑卡纸

二、珠宝手绘技法

手绘是指用专业的绘图工具在纸上描绘珠宝首饰效果图的过程，是从事珠宝首饰设计学习的一门必修课程。珠宝首饰设计标准化的效果图是三视图及立体图。下面用实例介绍这两种图的表现技法。

1.三视图表现技法

能够精确反映珠宝首饰长、宽、高尺寸的正投影图称为三视图，这是珠宝首饰设计界对首饰几何形状约定俗成的表达方式。三视图是从三个不同方向对同一件首饰进行投射的结果，另外还有如剖面图、半剖面图等作为辅助，能完整的表达首饰的结构关系，因此成为珠宝首饰设计绘图的标准。

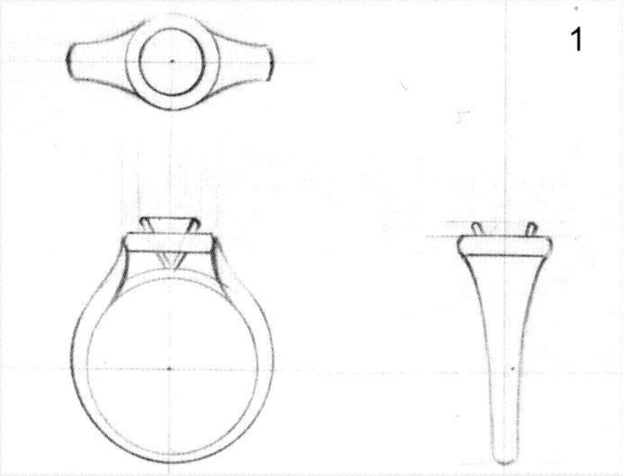

(1) 用0.3的自动铅笔在纸上画十字线定位并构图，然后勾勒出戒指的轮廓，要注意整体结构和透视关系，初稿成型之后，要检查结构的问题。

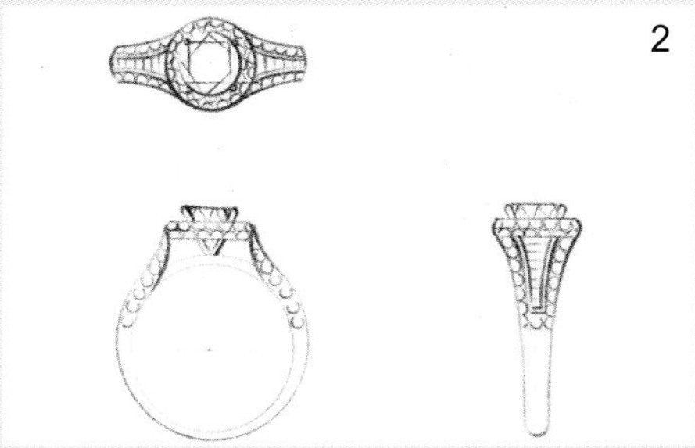

(2) 画出钻石的位置和镶法，这步骤很关键，一定要准确地勾画出石与石之间的间距和透视关系。只有在图纸上表达清楚镶嵌方法和比例关系，打版师才能明白作品的制作工艺，才能精确将作品做出来。

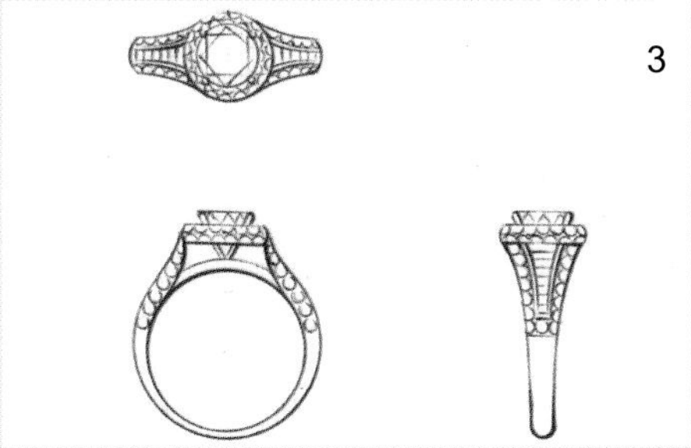

(3) 戒指的细节表达清楚后，要进一步用针笔精确地把细节勾画清楚。在这一过程中注意保持三视图之间比例结构和透视关系。

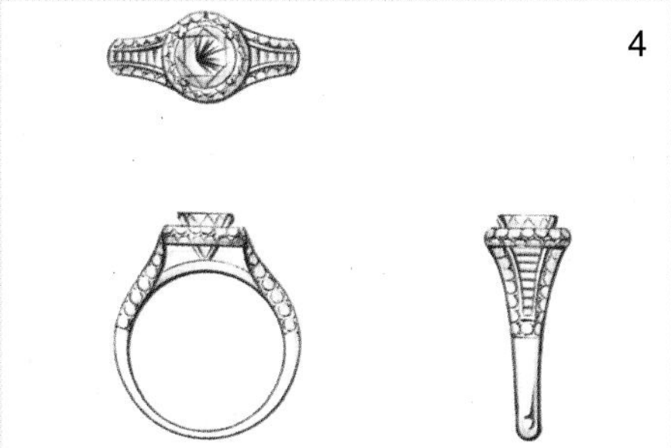

(4) 用针笔勾画出细节后，开始刻画镶嵌的爪和钻石的刻面。最后用灰色的水性笔描绘戒指的阴影效果，使整个戒指细节清晰、立体逼真。

2. 立体图表现技法

立体图,也称为三维立体图，是一种能够让人感觉到立体效果的平面图像。立体图最初用来表示需要通过立体镜观察的一种图像，后来指在平面上表达出空间感的图像，珠宝设计绘图中的立体图，是指能在平面上清楚表达出珠宝首饰长、宽、高三个维度空间关系及形状的绘图，它能清晰地表达出首饰的空间关系，为首饰的标准化制版提供了重要的参考数据。

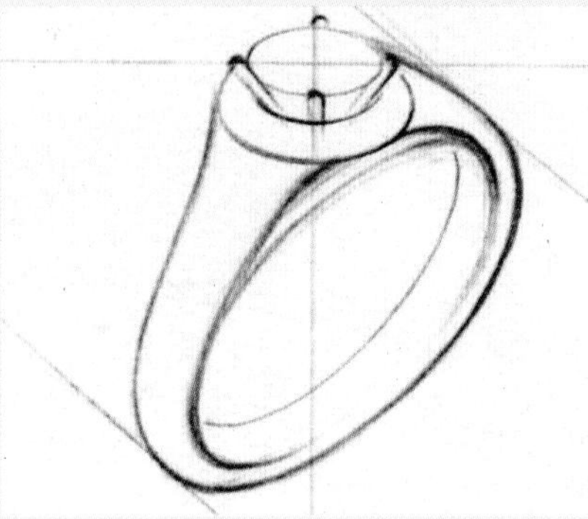
(1)

(1)用0.3的自动铅笔在纸上打好坐标定位，确定构图后勾勒出戒指的立体透视图轮廓，要注意戒指之间的透视关系，建议初学者多画些辅助线，这样能确保戒指的透视不会变形。

(2)

(2)戒指的透视轮廓成型之后，开始刻画钻石的排位和镶法，这步骤很关键，要注意好石与石之间的透视及比例关系。要清楚表达出戒指的立体透视,让工艺师傅一目了然。

(3)

(3)清楚的表达了戒指的整体透视和细节的刻画之后，开始用针笔勾画正稿。在画正稿时一定要清晰表达出戒指的层次感和整体的立体感。然后画出戒指的明暗交界线和阴影效果。

(4)

(4)开始细节刻画爪和钻石的刻面。用0.3铅笔着重刻画戒臂内圈的明暗交界线，使之更加立体生动。最后就用灰色的水性笔画戒子的阴影效果。使整个戒指立体感更强。

3. 手绘的重要性

由于手绘具有自由和随意的特点，在表现语言方面具有其他表现手段无法比拟的优势，艺术生动的技巧在设计师灵巧的手笔之间流泻并贯穿于表现的始终，是设计师掌控造型及表达能力的体现，廖廖数笔利落把握准确的形象特征，简练而不单调，严谨而不呆板，笔法沉稳而流畅，转折变化而丰富，形态准确而生动，笔顺有序而和谐，是增强画面效果及感染力的有效手法。表现的直接目的是设计，为表现逼真的效果而对技巧的浮夸和玩弄将会脱离设计本质而失去价值和意义，因此，对表现技巧的有效、生动和艺术性的把握是衡量设计师综合素养的一种标准。表现技巧的干练和精到是技法走向艺术的开始，需要设计师在工作中锤炼和提升，设计师只有从艺术美的高度认识技巧的作用和价值，才会从预想的造型效果的建构和诠释中赋予珠宝首饰一种精神和艺术。

4. 手绘的技巧

设计草稿要求完整准确的表达首饰的外观形态和一定的内部结构，对首饰内部结构的理解程度将反映在对外观形态的准确表达上，因此首饰设计图具有相当强的严谨性、逻辑性和精确性。设计草图阶段是设计创意的初级物化的阶段，它同设计的创意阶段交替进行。通常一个设计理念在创意中萌发并在草图中得到体现。而草图中的设计信息又反馈到设计创意之中。

进一步深化设计创意思维。直到设计草图能正确的反映出设计创意的内容，才算完成设计草图的全部绘制过程。设计草图可以标注尺寸，也可标注文字说明。可以有外观和结构草图，也可以画成解构草图。设计草图所用的材质简单，表达直观。修改方便，图形全面。

当设计构思确定下来，且设计草图的细节得到充分推敲之后，就可以进入设计正稿绘制阶段了。首饰设计的正稿能完整地表达设计思路和创作意图,并能准确表达出制造工艺及精准的大小比例,是设计的最终稿。

设计正稿要求真实准确反映首饰的外观和细节，特别是三视图更带有结构的说明性,因而成为珠宝设计绘图的标准制图。因此设计正稿要求结构、比例、尺寸的准确性。但是在准确的表达首饰的同时，还要求表现形式的丰富生动，富有感染力。

5. 如何练好手绘

如何练好手绘，其实方法很简单：

第一，需要多临摹一些优秀的设计图。很多优秀的设计师也都是从临摹这一步开始的，临摹是一个能够快速提升手绘技法的途径，从而在临摹中寻找属于自己独特的手绘表达方式。

第二，坚持每天练习，就是一个量的积累，有了量的积累才会得到质的飞跃。每天只用十分钟的时间练习，只要坚持下来，一个月或者一年后，一定会有很大的进步。

第三，通过大量的手绘练习，技巧会得到不断的提升，好的手绘图能够通过一根线条来看出设计师绘图技巧的高低。随心所欲地表达自己的创意对于一个设计师来说是非常重要并且是必需的。

6.工艺图参数

由于珠宝首饰的体积小，因此无论手绘图或电脑绘图，都要按1:1的大小进行绘制。除了要熟练使用专业的绘图工具外，精准的测量工具也要熟悉并要掌握正确的使用方法，才可以进一步表现首饰设计工程图的精确度。

1:1的大小比例包含了两层意思：一是整个首饰绘图与实物之间是1:1，也就是说图样与制作完成后的实物大小是一致的。二是图样的局部与图样的整体要达到1:1的要求。有些年轻同行绘制的图样整体比例是准的，但局部的比例不准确，例如戒指的整体比例适当，但宝石的比例过大，0.1克拉的钻石画成1克拉的大小。因此，熟练使用各种专业的精密测量工具，熟悉各种常用首饰尺寸的参数表格是专业珠宝设计师的必备能力。以下是在珠宝首饰设计中常用的尺寸参数表，表1-1是戒指圈大小(港度)与直径的参数表，表1-2是标准圆形钻石质量的换算表，图1-1至图1-5为精密测量工具(电子卡尺)的正确使用方法。

表1-1 港度手寸转换毫米直径表

港度(单位)	直径(mm)
1	12.30
2	12.65
3	13.00
4	13.35
5	13.70
6	14.05
7	14.40
8	14.75
9	15.10
10	15.45
11	15.80
12	16.15
13	16.50
14	16.85
15	17.20
16	17.55
17	17.90

港度（单位）	直径(mm)
18	18.25
19	18.60
20	18.95
21	19.30
22	19.65
23	20.00
24	20.35
25	20.70
26	21.05
27	21.40
28	21.75
29	22.10
30	22.45
31	22.80
32	23.15
33	23.50

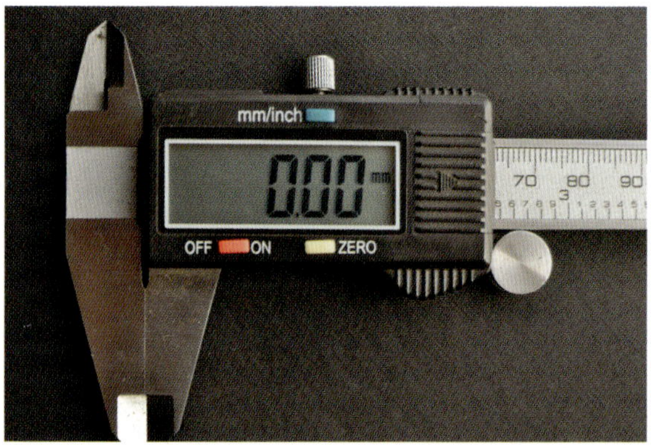

图1-1　将电子卡尺的数字调到“0”

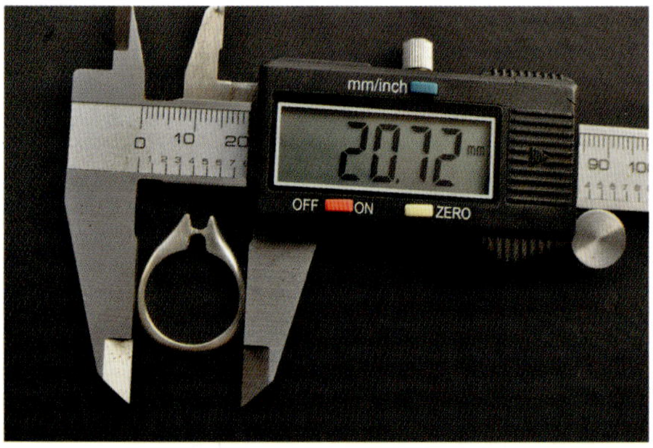

图1-2　戒指的外圈直径的尺寸读数精确到小数点后两位数

表1-2 标准圆形钻石质量的换算表

钻石腰围直径（mm）	钻石总高度(mm)	粒重(ct)
1.30	0.90	0.01
1.70	1.30	0.02
2.00	1.40	0.03
2.20	1.50	0.04
2.40	1.60	0.05
2.60	1.70	0.06
2.70	1.80	0.07
2.80	1.80	0.08
2.90	1.90	0.09
3.00	2.00	0.10
3.10	2.10	0.11
3.20	2.10	0.12
3.30	2.20	0.14
3.50	2.30	0.16
3.60	2.30	0.17
3.70	2.40	0.18
3.80	2.40	0.20
4.00	2.50	0.23
4.10	2.60	0.25
4.20	2.70	0.27
4.30	2.80	0.30
4.40	2.90	0.32
4.68	3.00	0.38
5.15	3.20	0.50
5.55	3.40	0.63
5.90	3.70	0.75
6.20	3.80	0.88
6.50	3.90	1.00
6.80	4.20	1.13
7.00	4.30	1.25
7.20	4.50	1.38
7.40	4.70	1.50

图1-3 用于测量手指大小的标准圆圈，数据为“港度”，需要对照表格转换成毫米，进行标准化的制作。

图1-4 电子卡尺的精确单位为毫米，可用于测量钻石直径，测量的数据通过换算表可以知道钻石的大约质量。

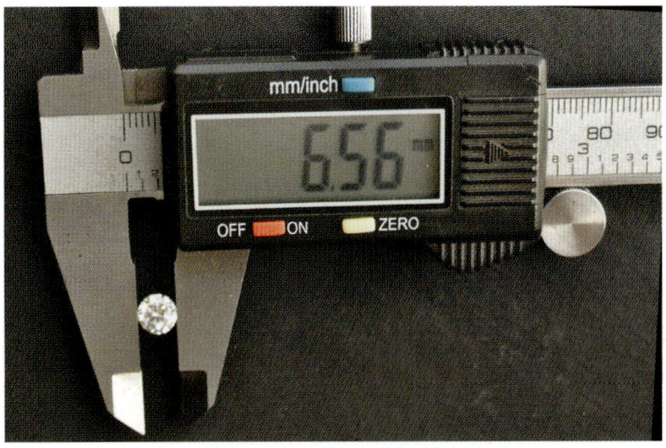

图1-5 1ct的钻石直径约6.5mm。

第六节　制造流程

作为一种产品设计，设计目的绝非是一个概念或一张图纸,而是一个能制作出来的产品，只有从起草到产品制作整个流程的顺利完成，设计才算真正完成。而目前来说，能做到这样的设计师很少。

这种现象是与当前的行业现状分不开的，国内珠宝首饰制造的现状是"部门分化，分工精细化"。"流水线"的管理模式导致了设计与工艺的严重脱节。普遍缺乏设计与工艺及材料的综合考量与整合。设计师由于对工艺制作的不了解，从而导致了对工艺师的不理解；而工艺师由于缺乏审美思维和创新精神，从而很难抓住设计师原构思的重点。在制作的过程中往往把原设计意愿改得面目全非。于是也就导致了目前行业的一个怪现象：设计师认为工艺师的技术太烂；而工艺师抱怨设计师的水平太差。设计与工艺本是一对孪生姐妹的关系，却被生生的"剥离"，陷入了潜意识的"敌对"怪圈。这也是国外业界称中国设计师为"绘图员"的重要原因之一。

因为对制作工艺的不了解，也导致了设计师在设计产品时的心理负担加重。很多企业为了产量和效率，往往要求设计要跟着工艺走。从而改变了一些有创意突破的设计精髓。所以说,珠宝设计了解并熟悉制造工艺是设计的基础，否则，设计师的创作空间将非常有限，结合工艺变成了害怕工艺，从而迁就工艺，创意价值也就大打折扣了。要改变这一局面，就必须加强设计师的综合能力，要从了解工艺做起。设计是灵魂，工艺是血脉。只有让灵魂附以血肉之躯才能得以升华，才能体现设计价值。

一、了解材质的属性，把握材质的运用

珠宝的传统模具制作方法最具代表性的有两种，一种是利用蜡来制作模型，然后再脱蜡铸造的"雕蜡技法"；另一种是用金属（银）做成模型的"起银版技法"。由于要控制产品成本,在制作模具的过程中，要经常对产品在材质中进行转换和质量相对密度(比重)上的换算，只有了解到这个材质的相对密度，我们才能对自己设计的产品所产生的成本有个估算，才能更好地结合市场销售。而我们最常用的材质有：蜡、银（925）、18K金、铂金（PT900）。这里就四者的相对密度关系做一说明。蜡的相对密度0.95～1.00，与其他材质的相对密度如表1-3所示。

表1-3　从蜡的质量计算金属质量

贵金属	相对密度(比重)	金属质量(蜡约1g)
银(925)	约10	1g×10=10g
K金(18K)	约15.5	1g×15.5=15.5g
铂金(PT900)	约20	1g×20=20g

了解了产品材质的相对密度关系后，我们也要了解各个材质的特征，这样我们在设计的时候才能避免很多因材质上的因素导致制作上的麻烦。金、银、铂金等是稀有性高、有高度价值的贵重金属，化学反应安定且颜色漂亮，其各自的性质和特征如表1-4所示。

表1-4　常用贵金属的性质和特征一览表

		950银	18K金	铂金(PT900)
科学成分	成分	银95%铜5%	金75%+铜25%	铂80%钯(钌)10%
	相对密度	10.4	15.5~15.8	19.9
	熔点	960.5℃	901~926℃	1.773℃
印记	印记标示	925	750或18K	Pt900或铂金900
加工特征	弯曲度	非常软、容易弯曲	较硬、不易弯曲	非常软、容易弯曲
	焊接	熔点低、不易焊接	熔点低、不易焊接	熔点高、容易焊接
	延展性	容易延展	较难延展	容易延展
	修饰	容易修饰	较易修饰	不易修饰
其他特征	价格	较低价	较高价	高价
	氧化	在空气中易氧化变黑	不太会氧化	几乎不氧化

二、工艺制造的具体流程

随着科技的进步和技术的更新，现代珠宝制造的新工艺新工序层出不穷，有三维数控成型技术(俗称“电脑起版”)、工模、机床切割、油压、冲压、精工雕刻……还有更多更新即将面世的新工艺。其实，几乎所有的新工艺都是作为精化或简化传统工艺而产生的。整个制造的流程基本大同小异。这里就目前珠宝首饰行业的主要工艺制作流程作一简单介绍。

1. 起版

所谓起版就是珠宝首饰模具的制作，设计制作的要求是：尺寸精确、表面光洁；结构合理、生产效率高，成本低，设计符合工艺需要，经济合理。目前起版有两种主要的方法：传统手工和三维数控成型。下面作简单介绍：

传统的手工起版可分为蜡版和银版。蜡版的优点是造型比较随意、便于修改，而且灵活性比较强，一些造型比较复杂、线条感强的款式可用此方式制版，比如动物、花卉等。缺点是出的样本不是很干净、角度不分明。而银版的优点是干净、整洁、角度分明。一些几何、简洁的款式适合起银版，比如男戒、情侣戒等。缺点是线条不是很灵活，造型生硬。

2. 倒银版、执银版（这里是针对蜡版制作的流程，如果是银版制作，可直接下个步骤）

把雕好的蜡版通过铸造成为银版。然后再把银版交付银版技师通过打磨、修饰等技法处理干净及美化效果。

3. 压胶膜、割胶膜

把做好的银版放入两片工业专用的胶体之间，再通过一定的压力和一定的温度作用让银版与胶体紧密结合。然后再把胶体割开，把银版取出，于是胶体中便形成了一个银版的空腔。这样一来，胶膜就产生了。制作胶膜的目的是为了复制更多的产品。

4. 注蜡、修蜡

往上一步骤做好的胶膜中通过注蜡机注入一种软蜡，这种软蜡在注入之前是液体，注入胶膜空腔后待其冷却形成固体蜡。再把固体蜡从胶膜中取出，对其进行修理，于是蜡模就产生了。而且此环节可根据需要程度生成成百上千个蜡模。

5. 倒模

把蜡模再次通过铸造的工艺使其成为产品的实际所需材质，也就是货品的初样（视客户需求可铸造成各种材质：如18K、黄金、铂金、银等）。这样，从“版”再“模”在到“货”的过程就基本完成了。以上步骤可以说就是一个材质上的转换过程。

6. 执模

由于倒模的过程比较复杂，出来的产品有容易变形、粗糙等缺陷。所以要进行修饰和调整以及金属表面的处理，使其更完美。这个环节就是执模。而执模是存在着许多复杂因素的，通常来说没有死角位的产品是最好执的，而且执模后的效果也是最完美的，效率也是最高的。所以我们设计的时候一定要尽量避免死角位的出现(所谓死角位就是工具无法触及的地方）。

7. 镶嵌

由于珠宝首饰大多都与宝石分不开，所以镶嵌宝石也是珠宝首饰制作中重要的一个环节。首先要注意宝石镶嵌后的稳固性和安全性，还有宝石的平整和美观。而镶嵌制作的方式又有很多类别，有钉镶、包镶、夹镶、爪镶、澳洲镶、无边镶等，各种工艺都有着其注意事项和造诣，这里就不作详细介绍。

8. 修理

由于经历过了镶嵌制作，对原有的结构难免会有些损伤。所以要对镶嵌好的产品进行些修理，使产品更加精致。

9. 抛光、电镀

镶嵌了宝石的产品，还不算是完美。这时的产品只是原有材质的本色，要成为能在商场上销售的货品，就得对其材质的表面进行装饰和美化，提高表面美观度和持久光亮。这个金属表面的处理优化过程就是抛光和电镀。直到这个步骤完成，一件完美无瑕的珠宝首饰才算真正完成了。最后进入标签、销售上市的环节。

我们再回顾一下以上所有环节，其实基本可把它分为三大板块来理解。其中第1、2个步骤，实际上就是一个从设计图稿转换成一件实物样板的过程，一件珠宝的结构是否美观、效果是否到位，关键就在于此环节。它也是与设计师最密切相关的一个环节，可以说此环节的成败决定了设计的好坏，它甚至可以说起到了参与设计的作用。我们平时说的掌握结构、结合工艺，绝大部分指的是这一环节。

第3、4、5个步骤，实际上是一个材质上的转换过程，同时也是让一件设计作品具备批量生产功能的过程。而第6、7、8、9个步骤，是对产品的装饰、修饰以及优化处理的过程。

传统的手工起版需要精雕细刻

三、工艺制造过程中的注意事项

(1) 考虑到产品制作工艺上的难易程度。

(2) 考虑到成本上的控制。通常来说，成本要与销售价成良性的正比关系才能体现出设计的真正价值，而成本这一块，除了材质本身成本上的刚性投入外，还要考虑到材质以外的“制作成本”，不同的款式，工艺的“制作成本”是不一样的，这就需要我们在设计的同时要考虑制作工艺的方式及成本。这就需要设计师不断地加强与制作环节的沟通和交流，积累经验。

(3) 考虑佩戴的舒适度和安全性。一件珠宝首饰，最终是要佩戴在人的身上，除了美观之外，最重要的就是佩戴的舒适度和安全性了。要尽量避免产品对人体的刮、碰、脱落、刺、钩挂等不利因素。这些问题都是我们在设计的过程中必须要综合考虑的。比如戒指：戒壁的两侧就不能过厚，不然手指缝便会有挤压的不适感；戒壁的内侧边缘不能起角，不然会刮手指。又比如项链，绝不能出现太尖锐的部位，不然容易刺伤皮肤。

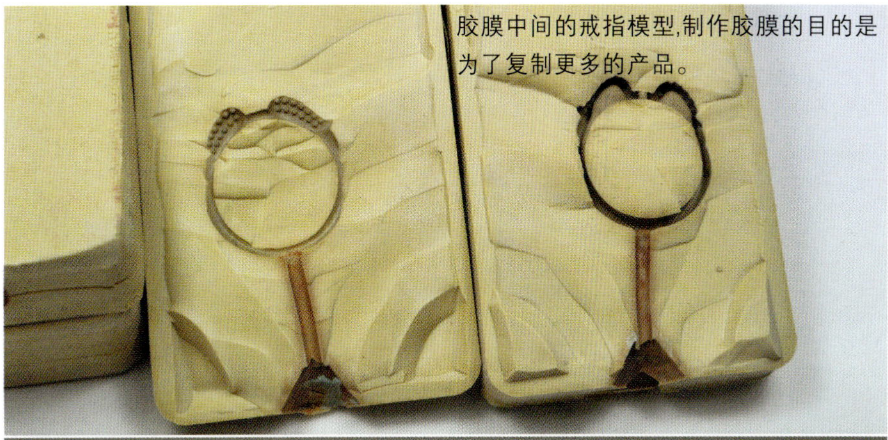

胶膜中间的戒指模型,制作胶膜的目的是为了复制更多的产品。

软蜡在注入之前是液体，注入胶膜空腔后待其冷却形成固体蜡，再把固体蜡从胶膜中取出。于是蜡模就产生了。

镶嵌宝[illegible]首饰制作中重要的

用失蜡法制造的首饰，蜡模与成品是高度一致的。

第七节　镶嵌设计

镶嵌方法的创新是珠宝设计重要思维方向。创新的镶嵌源于开拓的思维和对金属工艺和材质属性的精准把。很多国际高端珠宝品牌一直没有停止过对镶嵌的研究与创新，无论是蒂芙尼(Tiffany)还是梵克雅宝，都不断地突破高难度的工艺难题，有些还成了这个行业的经典。如蒂芙尼的王冠型六爪镶嵌，已经成为婚戒的经典之作。

一、首饰常用镶嵌方法

镶嵌是首饰制造中的一个重要环节，顾名思义，就是把钻石和各种有色宝石镶嵌到首饰上去。镶嵌是紧接执模、配石之后的一个重要生产制作过程，镶嵌设计的优劣和制作水平的高低能直接体现首饰价值的高低，是整件首饰美学感观的直接体现。镶嵌方式的设计创新是珠宝首饰创新的一个重要方向及研究课题。

1. 齿镶

齿镶也叫爪镶,是用金属爪来嵌紧钻石的镶嵌方法。常用三爪、四爪、六爪、八爪的方式来镶嵌，其中最经典的是六爪。齿镶是利用金属爪内，把钻石的腰部卡在里面，爪的形状可以是圆形、瓜子形、菱形、心形等，齿镶可以充分地裸露出钻石，让光线最大限度的进入，增加钻石的光泽和火彩。齿镶分爪镶和直齿镶两种。

(1)爪镶。爪镶是传统的齿镶镶嵌方法。工艺上是将金属齿向宝石方向弯下而“抓紧”宝石。主要用于弧面形、方形、梯形、随意形宝石和玉石的镶嵌。这是镶嵌工艺中最常见而且操作相对简单的一种工艺。1886年Tiffany推出经典的六爪镶嵌法，让世人初次感受到钻戒的独特之美。它适用于稍大的单颗钻石，而且越是克拉质量大的钻石越适合四爪、六爪这样简洁明快的镶嵌方式，完全突出钻石主角的位置，结婚戒指的镶嵌常用这种方法。

(2)直齿镶。直齿镶是现代齿镶的镶嵌类型，金属齿在镶嵌宝石时，并不向宝石方向弯下，而是在镶齿内侧车出一个凹槽卡位，将宝石卡住。主要用于圆钻形、椭圆形等刻面形宝石的镶嵌。齿镶是一种突出宝石的镶嵌方法，能充分地裸露宝石，让光线较多地透入宝石，增加宝石的火彩，较适合于透明宝石镶嵌，如钻石、红宝石、蓝宝石、碧玺、海蓝宝石、祖母绿等。单一齿镶款式的首饰一般小巧玲珑、秀雅典致，活泼而富有朝气，比较适合年轻女性佩戴。

2. 包镶

包镶是用金属碗形包裹住钻石的镶嵌方式。根据金属包裹钻石范围的情况，又分为全包镶、半包镶和齿包镶，齿包镶只包裹住钻石的顶角，又称包角镶，是镶嵌橄榄型、公主方型、三角型以及心型钻石尖角处的方法，既能牢固地固定钻石又能保护薄弱的尖角部位。包镶的好处是能够很好地保护钻石的腰棱，使用时不易发生衣物被勾拉的情况，比较传统稳重，深沉内敛，是男士和中老年女士喜欢的镶嵌方法。

3. 逼镶

逼镶又称为轨道镶、夹镶或壁镶，它是在镶口侧边车出槽位，将宝石放进槽位中，并打压牢固的一种镶嵌方法。高档首饰的副石镶嵌常用此法。另外一些方形、梯形钻石用逼镶法镶嵌效果极佳。这种底座用65到95磅的压力紧紧抓住宝石，使人感觉到宝石像是盘旋在空中。

4. 闷镶

闷镶是在镶口边上挤压出一圈金属边并压住宝石的一种工艺。这种镶法多用于小粒宝石。

5. 梅花镶

这种方式很特别，也称“六围一”，分高梅花和低梅花两种，区别在于主石处于副石腰棱的上方还是下方，高梅花镶嵌的钻石亭部需要车槽。这种镶嵌方式的基本原理是利用周围六粒处于同一角度上钻石的腰或者腰部以下利用力的平衡固定住中间的一粒主石，六粒钻石用金属爪固定，两枚相邻钻石共爪，整个镶嵌中有7枚宝石6个爪，中间的一粒钻石无任何金属爪固定。这种镶嵌方式极大地延展了钻石的光芒，使很小的7枚钻石因视觉上的边界融合看起来像一枚大得多的钻石。这种工艺弥补了大钻石稀缺的遗憾，也使视觉效果上大，但成本相对较低的钻石首饰制作成为可能。但是这种镶法相对爪镶，在牢固性上要差得多，因为各个钻石是靠互相的挤压力结合在一起，比较容易松动和脱落。

6. 组合镶

是指在同一宝石的镶嵌上汇集了不同的镶嵌工艺。可以是在主石镶嵌中既有齿镶，同时也有包镶，如心形、水滴形宝石的镶嵌，利用齿包镶镶嵌顶角，后侧则用齿镶镶嵌；也可以在群镶中出现齿钉镶加槽镶等组合。组合镶可不拘于传统镶嵌格式，镶嵌形式变化多端，给人以新颖、独特之感。

7. 插镶

主要用于珍珠的镶嵌，其工艺是在一个碟形的金属石碗中间，垂直伸出一金属插针，将金属针插入钻有小孔的珍珠中，从而镶住珍珠。插镶对珍珠无任何遮挡，突出显示了珍珠的特征，尤其加以群镶碎钻相衬，更显“珠光宝气”之势。现代首饰的镶嵌工艺往往变化多样，如运用于梯方钻石的无边包镶、以蜡替代金属镶嵌的蜡镶工艺等，但万变不离其宗，基本工艺仍然不变。而正由于镶嵌工艺的不断推陈出新，才使得珠宝首饰市场更加具有生机和活力。

包镶

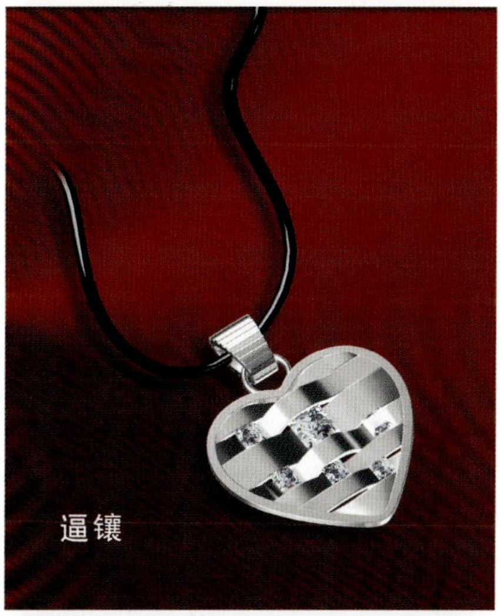
逼镶

逼镶

8. 群镶

群镶是小颗粒宝石（副石）的镶嵌方法。群镶根据镶嵌工艺的不同又可分为槽镶、起钉镶、齿钉镶和光圈镶等。群镶多是配合齿镶和包镶进行的，一般利用齿镶或包镶镶嵌主石，加以群镶镶嵌副石（碎钻）相衬，犹如众星捧月，更加显示出首饰华丽高贵、富丽堂皇之气派。现代的珠宝首饰基本都配有群镶，尤其是在一些高档、贵重的珠宝首饰中，群镶已成为必不可少的一部分。

插镶

爪镶

9. 钉镶

钉镶是一种典型的首饰镶嵌方法，主要用于小石的镶嵌，是利用宝石边上的小钉将宝石固定在钻位上，多用于群镶中副石的镶嵌。排列分布多种多样，常见的有线形排列、面形排列、规则排列、不规则排列。依据钉的多少又分为两钉镶、三钉镶、四钉镶与密钉镶。钉镶虽然复杂，但是精细别致。

钉镶分为钉版镶和起钉镶两种:

(1) 钉版镶是在已经开好孔的首饰托架上进行镶嵌。钉版镶的钉一般是已经通过起版、铸造制作好了的，只需进行压钉、顶珠即可完成。

(2) 起钉镶是在没有钉孔的托架平面上，由操作者根据托架基材平面的具体宽度、厚度确定小石的大小及落石孔位，再划线、排石、钻孔，最后进行起钉操作。起钉的过程则相对复杂一些。

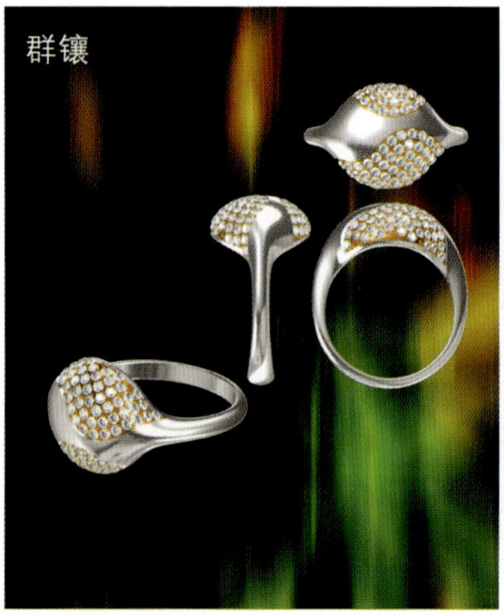
群镶

钉镶

10. 微镶

微镶技术是从美国引进的，目前这种技术中国很普及。微镶技术是一种镶嵌工艺要求比较高，相对复杂的一种镶法。它又称为微钉镶，顾名思义，这种镶法的钉看上去非常细小，需要借助放大镜来观察，石头镶上后有一种浮着的感觉，是一种能够极好的体现钻石火彩的镶嵌方法。与钉镶技术基本相同，都是用小钻石镶成，但微镶的钉比钉镶的钉小很多，钻石之间的距离很小，故不显金属，微镶的表面看上去全由钻石铺平。微镶基本上可取代传统的钉镶，用微镶的方法镶出来的首饰比钉镶的精美得多，因为钻石之间的金属光亮平直，钉也比较细，清晰且圆。

闷镶

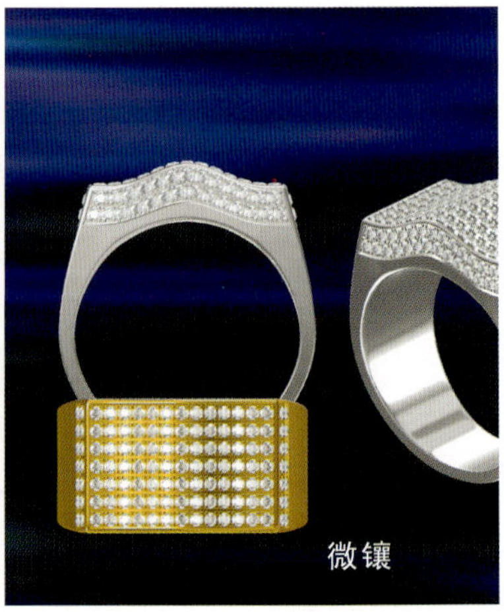
微镶

二、镶口设计

利用金属的爪将多颗钻石组合在一起的镶嵌方式，是首饰设计创新的一个方向。这种创新方式由于用最小的成本创造出了最贵重的视觉效果，一直深受消费者的追捧。这种组合的镶嵌方法有以下特点：

(1)钻石的镶嵌部位丰富多样。镶嵌的首饰除了整体越来越简洁外，局部的细节变化更迷人，无论钻石大小，镶嵌部分的金属都越来越精致，很多款式都用最小的金属通过设计与工艺的结合创造出了最大的视觉效果，让钻石的火彩更闪耀。

(2)降低成本,通过创新的设计与精良的制作，用很小的材料成本创造很高的价值感。

(3)工艺要求极高，细节处理精致，有些工序还需要通过机械化的数控技术来制造。通过现代化的数控制造技术，不断突破技术障碍，为设计创新提供技术支持。

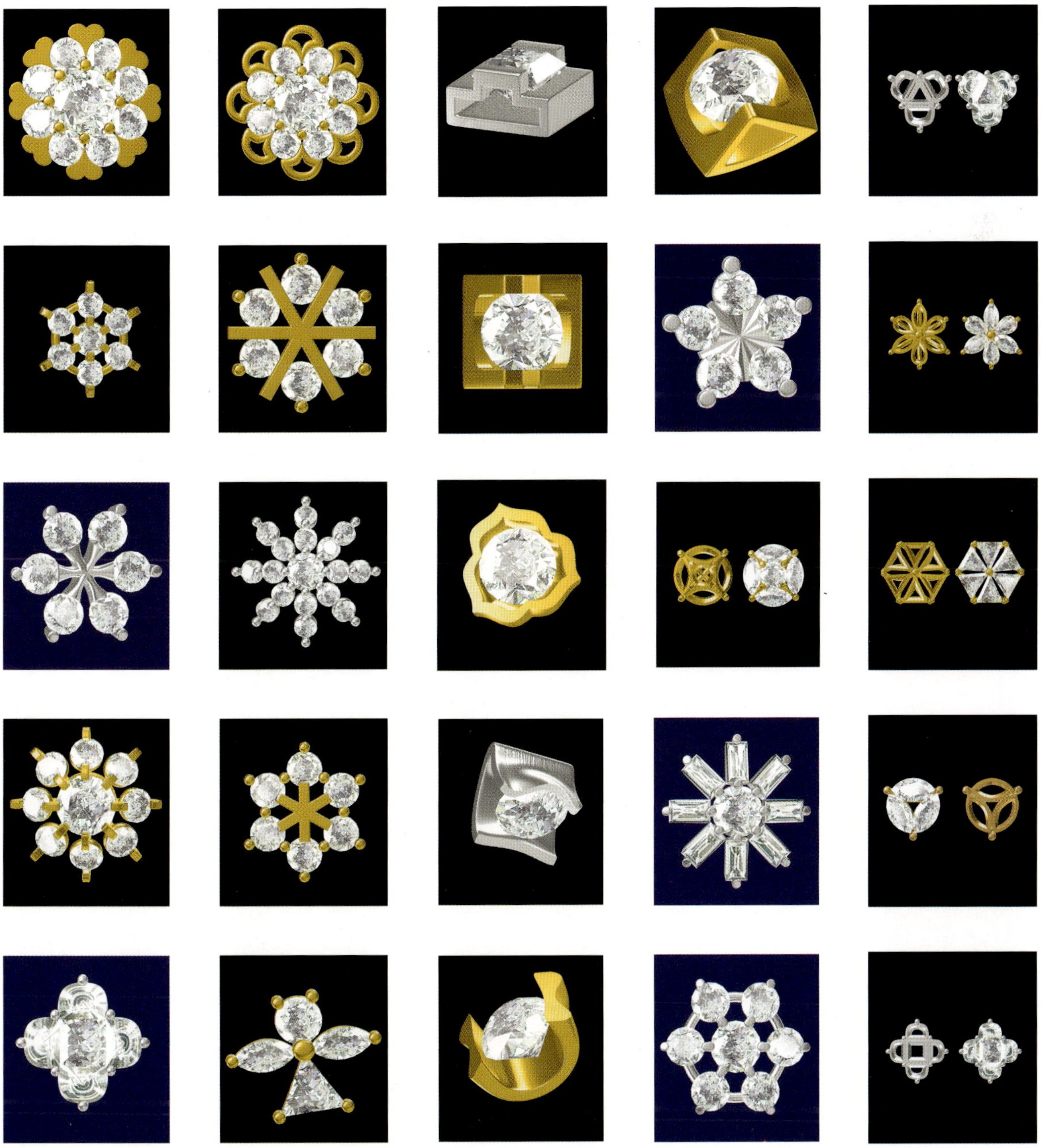

镶嵌设计赏析

(图片由深圳星光达珠宝首饰实业有限公司提供)

钻石镶嵌的创新是中国珠宝设计创新的最重要方向。由于受到购买力的限制，中国钻石首饰的款式设计都极其轻巧，成本低廉，体积小，质量轻。因此戒圈的造型很难突破，大部分的设计都集中在镶口的变化创新。所有的创新思路都在于突出钻石的火彩，面大轻金是评价设计成败的标准之一。钻石款式的造型设计也从装饰性向极简造型变化，现代感越来越强。而且通过主钻加副钻的方式,让款式更奢华，制作工艺则从粗糙化走向精致化，金属的表面处理工艺也越来越成熟，喷沙、拉沙等工艺让首饰的视觉效果越来越丰富。以下为中国首饰市场上最常见的女戒款式，也是最多的款式。

D0.260ct
d0.137ct

三、模块化的首饰设计

通过模块化的设计获取最大的经济效益。镶口设计模块化，制造标准化，并应用到不同类型的首饰中。珠宝产品模块化设计和制造的方式，具有三大特征：独立性，可以对镶口单独进行设计、制造、调试、修改和存储；互换性，镶口接口部位的结构、尺寸和参数标准化，容易实现各个镶口之间的互换，从而使镶口满足不同产品的需要；通用性，有利于实现横系列、纵系列产品间的通用，实现跨系列产品间的通用。镶口的模块化设计是由产品系列化、组合化、通用化和标准化的需求而孕育的。系列化的目的在于用有限款式和规格的产品来最大限度、经济合理地满足市场要求。组合化是采用一些通用系列部件与专用配件、零配件组合而成的专用产品，如戒圈、镶口、耳针、吊坠的扣、链扣等专用配件。通用化是利用原有产品的成熟零配件，不但能缩短设计及生产周期，降低成本，而且提高了产品的质量。标准化零配件实际上是跨款式、跨厂家甚至跨行业的更大范围零配件通用化。由于这种高度的通用化，使得这种零配件可以由工厂的独立部门或专门的工厂单独进行专业化制造。例如钻石切割打磨就是一种模块的生产。近几年，深圳出现了很多专门设计生产链扣、耳针等产品配件的制造商。体现了模块化设计制造的价值，是珠宝产业配套成熟的标志。

图片来源于德国珠宝品牌 Jorg JORC HEINZ GMBH

模块化首饰设计赏析

德国珠宝品牌Jorg JORC HEINZ GMBH是一个变化、可互换的当代高端珠宝品牌。每一件珠宝可以方便、快捷地拆分和组合，每颗珍珠、黄金、白金或宝石项链或手链都是一个独立模块。形成一个有趣的互换系统。创新的设计，完全可以根据穿戴者个人服装和不同的场合佩戴。(图片来源于德国珠宝品牌 Jorg JORC HEINZ GMBH)

模块化首饰设计赏析

(图片由兆亮珠宝提供)

这一系列产品专门针对婚戒进行设计，可以有3种不同的佩戴形式，除了保留传统经典的六爪皇冠钻戒外，还巧妙的设计了一枚时尚的戒指，并将六爪皇冠钻戒紧紧的包合在一起，可以在各种场合变化不同的佩戴方法，并显示出此戒指独特性、惟一性、艺术性和珍藏性四大特点，体现了模块化首饰产品设计的价值。

第八节 电脑设计

随着电脑数字化科技的发展，电脑效能的提升和普及，许多珠宝首饰企业已采用电脑辅助设计。电脑辅助设计是指设计师借助于电脑及专业软件进行设计产品。其特点是将人的创造能力和电脑的高速运算能力、巨大存储能力和逻辑判断能力很好地结合起来。在珠宝首饰设计中，许多精准的工作，多种设计方案的提出、综合分析比较与优化，工艺图及立体成形数据的输出等，均可由电脑完成。设计师则可对计算、处理的中间结果作出判断、修改分析和比较，以决定最优方案。目前适用于珠宝设计的软件有二维的矢量图形软件CorelDRAW 和三维的专业软件Jewelcad。相对于平面的设计软件而言， Jewelcad使设计师能更有效的组织作图过程，使设计师能够清晰地了解模型的实际外观，并具有高度精确的数据信息，误差极小。图形与设计预期更加具有一致性，减少了由于绘图不清或图片质量差所出现错误的可能性，而且在建模方面更占优势，其数据可直接用于三维模型的输出，通过立体印刷技术将数据变成蜡版，减免了手工起版等繁杂的工作，而且其精确性和可控性是手工制版无法比拟的。

一、电脑设计的方向

1.制作效果图

Jewelcad是珠宝首饰设计的专业软件。使用Jewelcad软件制图能极大地提高设计质量，提高设计图的逼真效果，真实地模拟款式的最终效果，直观地表达设计师的创意。一个完整的设计方案，真实感的渲染，Jewelcad软件可又快又容易地输出高品质的彩图，并通过使用Adobe Photoshop CS对图片进行处理，使图片效果完全满足珠宝设计图书的正规出版要求。(图片为叶志华作品及珠宝首饰设计专辑)

铭泽钻石名店产品设计图鉴

2. 制作首版

三维成型技术已经逐步成熟并应用于设计及首版制作中。它的普及推动了生产模式的改变。它将虚拟电脑世界里令人心醉神迷的概念设计变为了现实。快速成型法给制造业带来一种变革，即产品的生产数量不再受实际产品生产成本的影响，此法还可以实现产品形状的随意化与自由化，为大规模量身定制生产提供了可能。传统首饰制造生产中，量身定制的商品只有少数人能够享用，三维成型技术的发展改变了这一切，制造商能以极低的成本收集、分析不同客户的资料和需求，通过灵活、柔性的生产系统分别予以定制。

Jewelcad在三维建模方面具有以下优势：

(1)非常简单的图解用户界面和直觉功能，赋予类似电影播放的帮助去学习各种不同的技巧和方法去建模。

(2)灵活和高级的建模功能快捷地创造和修改曲线和曲面，强大而简单的建模功能应用于更复杂的设计。

(3)具有特设的专门功能去设计颈链和手链，扭曲曲面和石头位置的精准排列。

(4)简单而高效的功能应用于自由状态曲面去布尔运算。

(5)自定的设计库能提升设计效率，特别在一些系列化的产品设计中，设定标准的设计元素或零部件能提高产品视觉的一致性。一旦产生新的设计灵感可方便地提取零件或组成新的设计作品。

(6)各种材质的质(重)量计算功能和钻石大小的精准预设，使成本的预算更精准。

由激光成型机采用激光固化成型生成的树脂模

美国Solidscape公司T6X系列用喷蜡式喷成的蜡模

目前快速成型的主要方法有：激光固化成型(SLA)；选择性激光烧结成型(SLS)；激光层压成型(LOM)；融积成型(FDM)。是意大利DWS公司DigitalWax 029 激光快速造型机，利用激光层压成型技术。BluEdge激光光源发挥更佳的能量效应，使造型速度加倍，缩短造型所需时间。

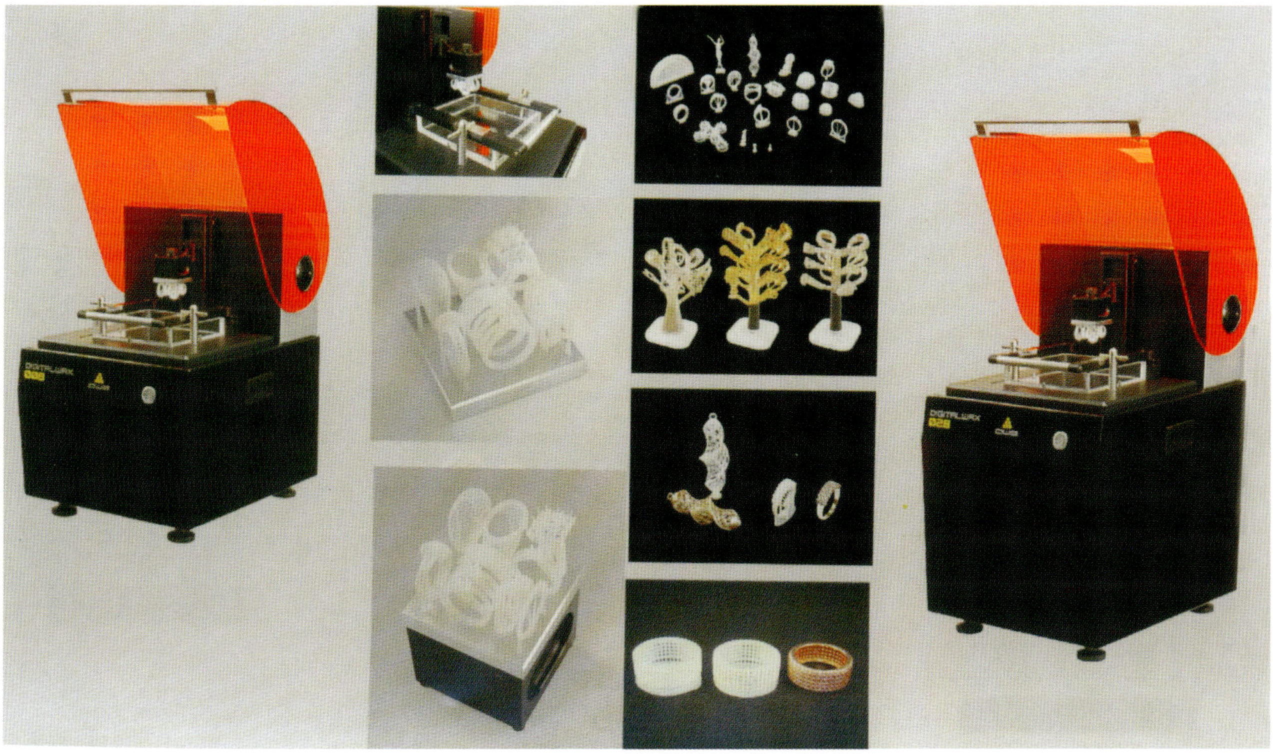

意大利DWS公司Digita Wax 029激光快速造型机(图片来源于意大利DWS公司)

二、学习Jewelcad软件的基本方法

如果连键盘和鼠标都搞不清楚，那一定先学电脑再开始学用软件。从制作技术上讲，现在很多初学者过于急躁，不了解三维软件的庞大复杂和制作艰难，office可以在几天内掌握，而Jewelcad要一个月，基本的方法有以下几点:

(1) 准备学Jewelcad前，先明确学习目的，这一点相当重要，否则学到一半时发觉方向不对，再重新选择其他软件又要重头开始，这样浪费了很多时间。

(2) 寻找一套特别全面的入门实例教程，不要一下就选择专业性强的高级教程，将书中工具和操作菜单及实例踏踏实实做几遍，熟悉整个软件的功能和操作。

(3) 寻找一套翻译准确的命令手册，开始有选择的分段式突破，同时开始接手专业制作案例，尝试独立去完成，遇到问题去翻手册，最好少问人，这样便于对软件的全面掌握。最终将手册中涉及自己用途的部分全面掌握，会给将来的自由创作打下坚实的基础。

(4) 最后是大量的实践，都说电脑制版压力大，那是被迫的，工作压得透不过气来，正是对软件飞速提高的大好机会。自己一个人在家练是没有什么压力的，进步也很慢，总是由着自己的性子，最终会走向业余道路。应尽可能地从工作中去提高，千万别总是呆在家里自己玩，效率差别太大，工作一年不如工作一个月进步快。

(5) 平时要多和别人交流，既要分享自己的制作方法，也要虚心向别人请教。你付出越多，得到也越多，高水平的朋友的一句话，胜过自己单独摸索几个月。从Jewelcad4.2开始，就有网上的三维社团和QQ群了，找到志趣相投的朋友，可以交流各种技术问题。

第二章　设计价值

设计师的天职是创新，创新来源于对旧有规则的彻底解读解构，在珠宝首饰中唯有艺术价值才是设计师可以贡献的。设计师必须熟知材料性质、工艺和市场营销。由于中国的珠宝设计发展时间很短，很多年轻设计师普遍缺乏这些知识而无从下笔，难以将自己喜欢的艺术语言与首饰设计语言接轨。或中规中矩，或庸常沉闷，或天马行空，或怪诞刺眼。原因是很难平衡商业与艺术的关系，或者说是功利性与纯粹的艺术性的关系。设计，就是把设计师的一种抽象的意识通过个人的理解用一种具体的形态表达出来。也可以说，珠宝设计实际上也是一种“意识物化”的过程。首饰设计是一个与市场对话、互动的过程。设计师的功夫不在天马行空的创意，而是火候老到的甄别。

设计师靠理性工作，而不是情感，这是艺术与设计的分野了。无论多么前卫，你都得让它像首饰，宜佩戴，价位合理，品质精细。这里的关键还是在于你对艺术、技术、市场的认识了解程度。任何学理，不深入到哲学史学的层面都很难扎实把握。如不研究社会学，经济学的营销课，哪怕高至ＭＢＡ，也是肤浅教条。不涉猎美学史的艺术观摩，就只能停留在欣赏模仿状态。商业首饰的设计具有功利性，设计的价值需要通过市场来检验。而其价值的体现，有着诸多方面的因素和形式。比如：主题的选取、造型设计、材质、工艺、营销、市场等。其中设计是最重要的因素之一，并与其他因素环环相扣。同样的材质，设计的优劣直接影响其价值的高低，也体现一个品牌的影响力。所以，作为一名珠宝设计师，必须懂得综合性的理解和把握。

在本章节，重点围绕珠宝的价值为主线，以珠宝设计为核心，结合工艺、市场、营销等方面，综合性的阐述珠宝设计的含义和重点，以及与珠宝设计息息相关的其他因素。比如工艺制造、品牌营销、策划推广、目标管理等都有适当的介绍和阐述。

以此全方位的提高设计师的综合能力，从而真正体现出珠宝设计的意义！

第一节 原创设计

一、什么是原创

所谓原创就是作者的首创。毫无疑问，借鉴和模仿不算是真正的设计，更与原创不沾边。原创设计，不是对既定状态的完善与提升，也不是对已有的存在进行另类注解；不是形式的突围表演，也不是概念的夸张与变异。原创设计，是在刷新固有的经典界面之后呈现出破土而出的生命气息，是展现某种震撼心灵的体验，是可经过、可停留、可发展的全新创造。

二、为什么需要原创

中国珠宝设计目前处在一个特殊时代，一方面，中国的珠宝首饰市场红红火火，国外的珠宝品牌纷至沓来，充分展示他们的设计实力，以原创的产品设计占领市场的制高点。另一方面，中国珠宝企业为了最快的实现经济效益，从国外仿造、复制，甚至“拿进来”就成为绝大部分小企业的选择，从而导致产品“同质化”非常严重。大部分中国珠宝企业严重缺少树立品牌和自己独特创意的意识，对知识产权的保护意识也相对淡薄，致使知识产权“不值钱”。价格的竞争导致利润很低，想要跳出来就一定要走原创的路线，必须认识到企业的发展不再是简单的生产、销售和服务，优秀的原创设计已经成为企业发展新的动力引擎,是企业实现产品增值的法宝。从设计层面而言,中国珠宝师忙忙碌碌，伏案工作，做的却很多是改版或者模仿的工作，而找不到自己的方向。首饰行业的竞争是品牌的竞争,归根到底原创产品设计的竞争，原创艺术设计将成为社会进步与变革以及经济发展战略的重要组成部分，新的世纪将是设计决定胜负的时代，原创艺术设计将承担重大的历史使命。同时对现在以及将来的设计师的原创设计素养提出更高的要求和挑战，面对时代的挑战和社会的需求，我们应在创建原创设计品牌和健全相关法律方面双管齐下，一方面培养原创艺术设计精英，另一方面培养精英们赖以生存、发展的土壤。当珠宝首饰企业纷纷穿越了质量的迷局，不断攻克制造工艺的难题后，如何能够在风格、款式、品种、生产工艺大同小异的当下，实现产品的增值？国际一流的珠宝品牌的发展历史证明，优秀的原创设计是珠宝首饰企业在市场中经久不衰的法宝。消费需求的提高，也推动着珠宝首饰设计水平的提高。

三、需要什么样的原创

中国强大的文化底蕴与内涵，是支持中国原创设计的本质力量。中国文化的复兴，必然导致中国原创设计的苏醒。中国文化的融合力与生命力，使中国的原创设计更具深厚、独特的内涵。不过遗憾的是，包括设计师在内的许多人对中国文化与中国元素的原创理解是片面的，很容易走向两个极端,一是对其多样性中的诸多方面视而不见，却过分强调其视觉的表现方式。比如喜爱标新立异的营销概念，强调造型的夸张,追求视觉的张力而忽视情感表达,这些超越了以往审美经验范围的事物，往往给人感观上的强烈刺激。对于此类新生事物，传统的文学性语汇，比如壮丽、雄伟、鬼斧神工等已不足以表达我们的赞叹之情，于是干脆用吸引眼球这样一个纯生物性的叙述方式去赞扬它。殊不知，吸引眼球在人类行为中基本上可归入低等的下意识行为，就如我们在整齐的麦田里看到一株野草，在一群大象中看见一头猪时，也会有类似的反应。现在，我们却用它来表达我们难以表述的一种情感变化的最高境界，实在是一种可悲的现象。二是崇尚堆砌的繁复细节,生搬硬套利用中国古典纹样,只追求形式主义，缺乏精致的精神内涵，将中国元素变成了廉价符号。而作为本土原创首饰，只要能够迎合本土消费者的审美情趣，自然比照搬国外款式更能得到消费者的认可。因为，消费者的审美价值观不仅仅具有国际性的内容，更具有根深蒂固的民族性文化情结，要不然的话，像卡地亚这样的国际大品牌为什么还要利用中国元素,进行本土化的努力呢？中国的精英阶层需要的珠宝首饰设计是既要国际化，又能抓住中国文化的根和神，同时用现代的设计语言表达出来。虽然近年来随着生活品质的不断提升，消费者的生活品位有了质的飞跃，但是一味去追寻别致设计中透露着的那股曲高和寡的文艺味儿，是无法与消费者找到共鸣的，只能让耗费了设计师们大量心血的产品，静静地躺在展示台上，体验高处不胜寒的寂寞滋味。所以，珠宝首饰界的原创设计依然离不开“顾客是上帝”的传统观念，而一旦遵循了这样一种观念，深入观察消费者需求则成为了设计师们在进行原创设计前不可缺少的调研过程。赢得消费者的青睐，仅仅依靠人们生活中喜闻乐见的事物元素是远远不够的，设计师们应该独辟蹊径寻找消费者体验中被忽视的区域，这也正是原创设计的真谛。

四、如何实现原创

设计出个性鲜明，而且广受市场欢迎的作品是每一个珠宝设计师的职业理想。但他们往往会固执的认为，自己喜欢的消费者也一定会喜欢。当他人或市场不认可自己的作品时，他们在内心通常会抱怨他人缺乏品味或眼光。很多设计师对那些大师们的设计理念和作品往往表现出盲目的崇拜。因此，在设计工作中总是跳不出既有的框框，于是做出来的作品总是带有明显的模仿甚至抄袭的痕迹。而模仿的往往只是造型或形式，但形式是肤浅的,无论在哪个时代、哪个国家和地区，有形式创新设计能力的设计人才都是不会太缺乏。各地区之间设计师的创新设计能力的差异一般不是表现在形式创新能力上，而是表现在对产品内涵的把握深度和对目标消费者审美情趣的认识方面。对产品内涵把握缺乏深度的设计师在设计作品时往往表现出注重外在形式的变化而容易导致创作偏离正题的现象。任何创造都是有条件限制的创造，但这种极其深奥的学究式逻辑思维工作必然会影响设计师的创造思维。另外，即使设计师自身对目标顾客的审美规律有了透彻的认识，但现代珠宝设计是艺术成分占很大比例的工作，融入设计师大量的主观情感是必然也是必需的。感性的情感表达和理性的商业价值的提炼就是原创的过程,有以下的基本原则和方式。

(1) 真实、忠诚地对待你感兴趣的事物，挖掘你感兴趣的东西，勇敢地追求你的想法，保持你的勇气。你的想法可能会脱离大众，可能会把你变成孤立的人，即使如此，你也要勇敢地保持你的独一无二，只有这样，你的作品才不会同质化。因为对同一个事物，每个人的看法都是不同的。设计的过程，就是寻找你自己独一无二的过程，是在表达你梦想的过程。同时，你要有失败的准备，如果你没有做好失败的准备，永远不可能在原创时获得成功。

(2) 敢于提出你感兴趣的东西或事物。它为什么会令你对它感兴趣呢？是它的造型、颜色、肌理效果，还是……然后把吸引你细节的地方进行深入了解和思考，从中要多收集有关这些事物的资料，包括它的物理性质和属性等，深入了解它的特性和构造。然后将吸引你那特别的细节采集过来进行更进一步的研究，最后通过你的思维方式进行创作改造成你想要的效果。

(3) 收集资料及调查。用相机收集第一手视觉资料，可以经常去大自然实地考察和拍摄你感兴趣的事物。也可收集有关触觉的实物。因为实物给你的感觉和图片是完全不一样的，因为它真实的让你感觉到它的质感和本身的肌理效果。这样对你创作原创的设计有非常实质的帮助。不要在互联网上下载图片,这些图片都是别人的第一感受，以别人的视角收集到的，未必是你真的感兴趣的，未必真的能感动你的地方。所以我们要想原创必须收集的是原始资料和材质，一定要到大自然中实地感受，这样出来的效果才是最真实的。

(4) 画出草图或做出模型。收集到一定的资料和材料,接下来就要开始对你感兴趣的东西进行深入的剖析和研究，把你感兴趣的地方用笔记录下来，必要时也可做些模型出来。记得一定要做多一些模型，画多一些草图,然后进行比较和筛选，最后选择让你觉得最兴奋的图片或模型。接下来开始思考如何将这些你感兴趣的东西用首饰的方式表达出来。通过资料收集及反复思考，才能带出你真实的想法，通过这一过程会让你有更好的方案及结果。你没有经过收集资料而画的草图，可能已经在你脑海里存在了很久，很多时候都是你看过的影像或物体在你的脑海中留下比较深的印象而已，是别人的影像而不是你自己的想法，简单的表达很容易失去原创性。所以一定要自己亲自去采集资料，然后深入研究和思考，这样的创作才是属于你自己独有的创作，是别人不可模仿的真正的原创设计。

(5) 解决技术细节。要想把你感兴趣的事物通过你的设计语言用首饰的方式演绎出来,一定要综合考虑它制作成首饰的样子。比如说立体感，工艺的制作问题，成本的控制问题等综合因素的考量。要特别注意作品的大小、质(重)量、连接灵活度、佩戴的舒适性、陈列的方式及需要的金属材料等。通过周全的考虑创作出来的作品才是比较成熟的设计，不会因为某些因素而出现不能生产之类的技术问题。

(6) 定稿。运用简练的表达方式及特有的创作风格说清楚这件作品，无论是手绘图或电脑效果图，甚至直接起版，要准确、清楚地表达你的想法和意图。

原创设计作品赏析

(图文由TFF提供)

旗袍，带着上世纪的优雅高贵，重叠着中国女性独有的情调，犹如留声机里婉转的歌喉，亦好似张曼玉演绎的人生，用百种角度和缤纷色彩雕刻中国女性的唯美姿态。一身旗袍，见证一段时代的精彩，浓缩一个女人的花样年华。着一袭绸缎，不经意若隐若现的曲线，带着身体摇摆的旋律，用中国诗情画意般的妩媚吐露东方女性的华美高贵。简约的设计，精致的剪裁，保守不失风情，娇美不落俗套，其流动的韵律、潇洒的画意与浓郁的诗情，勾勒出中国女性的贤淑、典雅、性感与清丽。TTF“花样年华”系列采集古典服饰旗袍之灵感，演绎女性优雅的花样年华，作品有斜襟盘扣的抽象表达，也能从水滴型造型中领略到设计师对逝去的美好时光的淡淡感伤。中国风席卷全球顶级时尚圈，设计师将传承千年的中国美学元素进行挖掘与再创造，将美轮美奂的旗袍融入设计理念之中，民族又国际的珠宝成为当下最受欢迎的典范。

作品采集古典服饰旗袍之灵感，演绎女性优雅的花样年华，作品有斜襟盘扣的抽象表达，也能从水滴型造型中领略到设计师对逝去的美好时光的淡淡感伤。

第二节 定位设计

定位设计是指珠宝企业生产的产品针对具体的目标消费群的创造性思维活动。定位设计要求在众多的珠宝产品竞争中，探寻具有竞争力和差别性的产品特点，结合适宜的广告宣传手段，使产品在目标消费群中拥有高度的认同性。作为赢得目标消费群的重要手段，定位设计战略就是把营销推广上升为以珠宝产品形象为中心的策略。

为什么市场上出现那么多的周某某家族、六某某家族或某某福家族、某某利家族的珠宝品牌?实际上就是这些珠宝商家本身没有清晰的品牌定位，所以起这样一些非常相似的没有文化内涵的名字，目的就是让消费者产生某些联想，以为他们彼此之间有关系，依赖这种傍大牌的方式谋发展，长远来讲是行不通的，原因是现在的年轻消费者在判断商品价值方面已有自己的标准。企业必须要有长线投入的准备，不能目光短浅，需要有清晰的品牌定位，更重要的是要有明确的产品设计定位。

设想一位有明确消费需求的顾客置身于数十个品牌都没有定位的珠宝卖场，当诸如“尊贵、奢华、典雅”等庞杂的而没有任何定位属性的宣传标语布满眼帘的时候，他一定会茫然失措，根本找不到自己想要的，因为品牌没有定位，产品设计自然没有定位。

这种由内而外的思维模式直接造成这种状况的出现，珠宝企业的主导者只知坐在办公室开会讨论，而不去认真调研市场，调查消费者，就主观判断出自以为是的品牌内涵和文化，然后推出一堆的产品，打着“时尚的”、“原创的”的名号，要求消费者去接受和认可，其结果是推广得越大越强，死得越快越惨。

而定位设计的思维却不同，它是由外而内的思维模式，不是关注自己是什么，而是关注市场是什么，消费者知道什么，找出竞争者的优势和不足，避其锋芒，独辟蹊径，精确定位，锁定消费目标群，第一时间、第一速度抢占这一位置，在消费者头脑里形成深刻印象。珠宝品牌的定位是由珠宝产品来承载的，因此产品定位设计显得格外重要。

一、定位设计的原则

1. 创新性

如今的中国珠宝企业，开始将创意设计作为珠宝产品开发的重中之重。设计创新，从本质上讲，具有创造性、表现性，同时具有服务性、参与性以及先导性。主要体现在工艺、款式、文化、功能、价值、市场细分等方面。它通过特定主题和载体，以有效的形式体现社会、经济、文化和生活方式的过程。当今市场上的竞争，要获得成功就要把精力集中在一个细分的目标上，进行市场划分和设计定位，目的就是把生产或销售的产品针对一定时期、一定范围内的特定目标客户，进行设计定位的目的也就在于此。

2. 导向性

导向性,又分技术导向和消费导向两种,前者的特点是由领先技术带来设计上的创新，后者则是以设计的标新立异引导消费大众进入预期的消费领域。导向性设计是根据社会消费心理及其走势，提供符合消费者的审美喜好和购买心理的产品方案，由于这种设计具有极大的市场潜力,因而是最常见的设计方法，给人们的生活增添了无穷的乐趣与色彩，它可以赋予人们鲜明的时代感，给人们一种精神享受；它可以丰富生活的内容，创造一种和谐的美。

二、市场定位

1. 目标

零售商、加盟商、终端市场。以经典的设计以及优良先进的工艺吸引更多的注意，树立自己独特的形象。

2. 客户群

年轻的、中年的等，根据各个阶段的气质修养、社会地位、经济状况等，开发出适合各年龄阶段的产品。

3. 价位

列出一系列的价位表，比如，1 000元以下、1 000~2 000元、2 000~3 000元、3 000~5 000元、5 000元以上、10 000元以下、10 000元以上等，有针对性地进行设计。

4. 产品的更新及时间安排

节日性，一般节日性的设计，要提前三个月开始准备，一个月前开始销售，这样才能达到一定的效果；季节性，春夏季以轻巧的设计为主，秋冬季注意颜色的搭配。

5. 产品的延伸

进行市场划分的目的，就是把生产或销售的产品针对一定时期、一定范围内的特定目标客户，进行有目的的设计、生产、销售，使得商家能在饱和的市场上为自己的产品开辟出特有领地。产品的设计定位目的也就在于此，促使设计以市场为方向，以产品为导向，根据即时市场或潜在需求进行设计定位。

一般来说，一个新的珠宝产品的定位设计开发流程可分为“设计概念化—设计可视化—设计商品化”三个阶段。其中的首要问题，应该是在设计概念化阶段完成产品的设计定位。然而，在设计实践过程中，很多珠宝企业通常把设计的重心放在绘制二维、三维图以及产品制作上，对设计概念化阶段只做形式上的关注，然后匆匆进入一厢情愿的概念可视化阶段，结果做出来的也只是个产品而已，进入设计商品化阶段很难有很强的商业竞争力。

评判珠宝产品的标准常常是它们的原创性和独特性，而在此基础上的定位设计则不同，只有在市场中才能评判它的价值性。事实上，定位设计就是设计理念和设计定位相结合的过程。产品从初始立项到最终的市场销售，才能叫做一个成功的、完整的产品定位开发循环过程。那些把珠宝首饰设计简单理解为产品外观造型设计的观点是片面的，它只是珠宝首饰设计的外在形式，而展现珠宝产品的价值、让消费者感受到这个产品的价值取向、产品定位以及所要传递的信息，才是珠宝首饰设计的内在。只有实现珠宝首饰设计与珠宝首饰消费市场的对接，认识珠宝首饰定位设计的重要性，珠宝首饰设计才能真正在市场循环中最大的实现其社会价值、设计价值和经济价值。

市场定位精准的珠宝设计赏析

(图片由星光达珠宝首饰有限公司提供)

市场定位为结婚纪念钻石首饰；
或是二次购买结婚钻石的中年人群。

第三节　主题设计

主题或题材是首饰作品的灵魂，是一个民族文化传统得以传承及创新的集中体现，也是设计师自身艺术修养、审美水平的直接表现，与生活方式和流行思潮有着千丝万缕的密切联系。以下简要论述主题化的设计对于提升首饰价值的作用和意义。

一、主题化的设计作用

1. 主题化的设计可以提升品牌价值

主题化设计之所以成为各珠宝品牌设计部的常用方式，是因为珠宝企业发现创意已经成为高附加值的来源和竞争的焦点之一。而确定主题的过程则是将创意集中化、具象化的过程，因此这个环节显得格外重要。对于开发零散产品的小型企业来说，只准备开发少量的款式，着重追求每个单款的设计能吸引顾客眼球，有无主题设计或许无关紧要。但对于大中型自主开发新产品的零售品牌企业来说，经过精心策划的主题则非常重要。鲜明的主题为设计师团队指出了明确的设计方向，为整个设计过程理清了思路，便于设计团队分工合作。在设计开发工作结束之后，主题还为将来的产品销售奠定了良好的推广基础。在订货会、零售商店、推广海报和杂志上，独特而精彩的主题如价值百万的广告语一样宝贵。好的主题可以为新产品宣传照片提供精彩的创意，包括色彩、布景、摄影风格等；好的主题也可以让时尚评论员或媒体记者写出具有吸引力的文章。

2. 主题化的设计可以提升设计师的工作效率

产品的主题确定对于珠宝设计师有指导和限定的作用。

主题就像大海中的灯塔，引导着整个设计师团队，所有的设计都将围绕主题产生。设计团队可以根据主题分配任务。既可以根据主题划分为不同的设计组，也可以根据主题制定相应的任务进度、划分开发时间等。其次，每个主题从风格、材料、款式和成本控制上规定了设计的方向，设计师可以根据主题来开展联想，选择最为恰当的设计元素。这样的指引非常必要，因为每个阶段都有很多资讯，设计师容易感到混乱和无所适从。此外，由于有了主题大方向的限制，设计师的创意就不会违背品牌的精神，不会超出品牌目标消费者的接受范围。这样，创意经过主题的引导，就可以成为恰当的设计。

3. 主题化的设计可以增加产品的关联度

没有主题引导的产品之间没有联系，只是散乱的个体；而根据主题设计出来的系列产品具有秩序化的美感。产品上市后，消费者既可以从不同主题系列中感受到发现差异的惊喜，又可以从同一主题系列产品中感受易于搭配的便利。同一主题的产品可以形成整体的气氛，便于零售陈列。

当然，主题在具体的产品开发中是可以进行局部调整的。最初的设计概念是模糊而笼统的，在进入到一定的设计阶段时，就会发现最初确定的主题可能不够准确，或者不够流行，或者不够新鲜。随着设计思路的明朗化，可以对主题进行调整，使产品整体结构更为完善。

4. 主题设计可以指导素材取舍

一件首饰只能表达一个主题，所有的造型视觉语言及表现方式，都要为主题服务。设计初学者常常会碰上一种困惑，就是对设计元素感到难以取舍，觉得这样的点也行，那样的线也行，造型这样表达可以，那样表达也可以。不少设计元素舍不得丢弃，但又总觉得有点不对味，究其根本，通常都是因为主题未曾提炼好，主题不明。一般情况下，素材越少，主题越强烈。例如爱的主题，只用一个“心”形，作品传达的信息就非常准确。

二、怎样提炼首饰设计的主题

珠宝首饰主题的重要性和对主题的要求，已经介绍及分析了。但是，对年轻的同行来说，难的不是理解主题的重要性，而是怎么才能提炼出好的主题。毕竟，目前市场的首饰产品已经无数，我们通常所想到的设计元素，也许早已司空见惯，在这些司空见惯的元素里，我们难道还能提炼出有价值的、有新意的主题来吗？当然是可以的，原因在于：即使是相同的元素，我们也可以有不同的解读方式，从而提炼出不同的主题来，它需要的只是我们对生活有不同的理解。

如何提炼出一个有新意的主题？下面提供五种方法作为参考：

1. 选择你感兴趣的主题

兴趣是成功的第一要素，只要选择你感兴趣的主题，你才会有动力去研究探索。很多年轻同行设计作品时都是从简单的造型开始，画草图时反复推敲，只有反复推敲才能在某些方面突破。珠宝主题设计进行到一定的阶段之后，很容易就会产生疲倦的感觉，也就是所谓的审美疲劳期或颈瓶。这个疲劳期过了，设计的作品就可能有重大突破，这个疲倦期没过，所设计的作品就会很平庸。没有兴趣，想要度过这个疲倦期，很难。

2. 选择一个你所擅长的主题

如果你对某个主题很感兴趣，你还得考虑另外一个因素:我对这个主题有深刻的了解吗？在这个主题的范围内，表达方式有没有可能突破？或者换句话说，我设计出来的首饰，消费者会认同吗？选择你所擅长的主题，你的作品将有机会从海量的首饰产品里脱颖而出。

3. 选择一个没有被做滥的主题

独特的内容，具有独特的吸引力。如果选择的主题切入点够好，那么，很快就能够杀出重围，冲向成功的彼岸。主题没做滥，有很多种理解方法。

如果你选取的主题，整个行业很少人做过，那么，这就是个好主题；如果你选取的主题这个行业做的人比较多了，但你所针对的目标市场很少人做，或者你的表达方式非常特别，那么，这也是个好主题。

4. 选择一个足够小的主题

很多人选择设计主题的时候，总想着主题越大越好。因为主题越大，也就意味着表达的内容多，元素烦琐复杂。但问题也就在这里，内容越多，也就意味着主题越模糊。相反，如果你选的主题够小，更容易吸引眼球，反而更容易杀出重围。

5. 选择大众熟悉的主题

珠宝首饰是一种商品，珠宝设计是通过材料与造型等元素与消费者和市场对话、互动的。很难想像听众会愿意倾听一个演讲者漫无边际、不知所云的演讲，如果听众无法理解你传达的意义，无论你的演讲多么才思泉涌、口若悬河，也是一种自言自语、自娱自乐。因此,只有大众熟悉的主题才会有听众,同理,只有大众熟悉的设计主题，才能获得市场的认可。

三、提炼首饰设计主题的原则

在设计作品时，提炼什么样的主题呢？这没有一定之规，各人可以根据自己对生活的理解来处理。但有一个原则是共同的，那就是：珠宝首饰的设计主题必须要具有强烈的情感张力，从而与消费者产生精神共鸣。换言之，还是那个重复了无数遍的老词：生活，我们要关注的，是现实生活。主题要来源于生活，设计要高于生活。设计主题的提炼要与时俱进，有三条原则供参考：

(1) 当今社会大家共同认可的普世价值。例如尊重生命，自由，环保，等等。

(2) 每个人不但希望别人，而且内心深处希望自己也能拥有的。例如爱情，幸福，时尚文化，品位，等等。

(3) 实际生活中严重缺失的。例如信仰，真情，勇敢，诚信，等等。

一件首饰如果能找到一个满足上述其中一个条件的主题精神，并准确地表达出来，它就一定能得到消费者的共鸣。满足前两条，证明它符合社会主流价值观，符合真善美的要求。满足第三条，证明消费者在现实生活中强烈需要甚至期盼，值得我们用设计作品去弘扬。

主题鲜明的珠宝设计赏析

(图片由新宝珠宝(深圳)有限公司提供)

最早的热气球出现在中国，被称为天灯或孔明灯，用来传递军事信号。后来，热气球被重新发明，到了西元1980年，西方的热气球引入到中国。

热气球承载着人类绮丽的梦，拥抱天空，到达心中的目的地，它总会给人无限 的遐想，设计师为了表达出人们对自由的渴望与对生活的热爱，通过凸面镂空的立体结构，将代表梦想的热气球与云元素巧妙结合，让珠宝栩栩如生，营造出一种在天空飞翔的奇妙感受。“带爱去旅行”是以热气球为设计元素的主题化首饰，是专为爱恋中的人们设计开发的一套系列产品，产品款式经典浪漫，气球主题寓意了浪漫的爱情在天空中自由飞翔、在云中惬意漫步……

第四节　系列设计

面对琳琅满目的产品，消费者有时会无所适从。如何让消费最快的找到适合自己的产品，这就是产品系列化工作所要完成的使命。

一、系列化的概念及重要性

所谓“系列化”就是将相同的设计主题和造型元素应用到不同的款式中，让众多的产品产生序列化的视觉印象。系列化不仅有利于设计师思想的完整表达，也可吸引观众眼球，帮助消费者获得准确的产品信息。产品系列化可以适合不同性别、年龄和层次消费者的品味和需求，其价值在于识别性和完整性。系列化产品设计是引导企业实施品牌战略的立足点和出发点,是突破产品同质化的利器。设计元素通过系列化产品的方式得以强化，适时出现、适当重复，以强化公众对其品牌产生深刻的印象。

二、系列化的历史及现状

二战后，无论是欧洲大陆还是北美，甚至在日本都出现了基于公司性质的产品系统化设计。特别是20世纪50年代的德国乌尔姆设计学院，将工业产品设计化视为绝对理性的学科，将系列设计发展为一门完善的学科。如今越来越多的品牌开始注重在产品系统中形成自己的PI系统,即产品识别系统，简单的来说也就是赋予产品以灵魂，使之适应不同的消费群体。系列产品具有同一种由内而外的特质。这种特质正越来越多的被当今的社会所重视和接受，如何在设计中规范这种特征，并将其应用于增加产品附加值的设计行为,是现代设计管理中重要的研究课题。

三、系列化的发展趋势

系列化是珠宝产品设计研究的常规内容之一，是珠宝产品营销的一个重要方式。系列化对于珠宝品牌而言，能够显示品牌自身的产品研发能力、设计能力，从更深度层面来看，可以拓展品牌的发展空间；对于消费者而言，产品的系列化可以扩大产品的选择范围，提升消费者对品牌产品设计能力的肯定；对首饰销售而言，可以增加产品的丰满度，为消费者提供较多可选择的产品。因此，进入到市场环境下，珠宝产品以系列化的方式存在。只有具备系列化特征的珠宝品牌才拥有长久的生命力。例如一些早期通过单件产品发展起来的珠宝品牌，现在大多都已经从事系列产品的开发，摆脱季节性、单件产品销售的劣势，实

现了销售由点到面的发展思路，延续珠宝品牌的生存空间。真正有价值的应该是系列化的设计，单个的设计对品牌公司来说没有体现出应有的价值，只有融合了企业文化，整合了企业技术要求，符合企业品牌设计政策的产品才真正体现了设计的价值,未来新产品设计将是立足于概念性开发的系列化的设计方式。

四、系列化的设计方法

产品具有承载文化价值的功能，具有艺术性、民族性等基本符号特征，从这个意义上来说，对产品进行系列化设计的过程，实际上就是把各种设计元素、形状、色彩、材质等当作符号,通过对这些元素的加工与整合，构建出一系列可以承载物质和精神文化价值的产品，把自己的设计思想传达给消费者。一条完整产品系列化规划的思路是这样：首先分析顾客的需求类型，然后根据不同类型的需求特点，在产品的设计元素和外观造型上明确体现，最后设定一个有一定层次的价格体系。系列产品在视觉上具有满足顾客情感需求的相同特点，而在材质、工艺以及非主要功能上有所区别并形成几种不同档次的价格。系列产品要在外观上保持视觉元素的一致，只是具体款式有所区分或局部外观有所差异。这样同系列产品的模具可以共用，节约开模成本，增加生产系统的柔性，在促进产品多样化的同时又不会增加生产成本。

五、系列化的管理战略

1. 系列化产品的设计与营销

应该按照主题产品进行整体的包装与陈列设计，并通过特定渠道向外界发布，是进一步深化设计主题、加深视觉印象、提升产品识别性、塑造品牌形象的工具、方法和途径。通过包装设计、系列广告、新闻、公关、促销等各种方式推广产品，让每一分钱的传播费用都能产生最好的传播效益。

2. 系列化产品的延伸与巩固

参考国际顶尖珠宝首饰品牌的成功经验，品牌的持续成长离不开系列化产品的延伸和辐射。要借助系列化的产品进一步扩大和深化产品主题或延伸主题的产品线。采用热销的产品继续推出同一主题的新产品。这不仅有利于满足消费者的多元化需求，也有助于企业的市场细分，保持较高的市场占有率。

系列化的设计赏析

(图片由星光达珠宝有限公司提供)

以瓶子为设计元素，创造出系列化的视觉美感，是系列化产品设计的成功案例。

D0.047ct d0.188ct

第五节　差异化设计

随着国民经济的提高和消费者生活品质的提升，人们对精神层面的追求以及情感上的需求也有了质的飞跃和差异化。去过深圳珠宝展的人都有这种感觉,感觉深圳的珠宝展都已没什么吸引力了,整个珠宝展的款式都差不多。更有老外同行人士笑言我们国内的珠宝“是不是都是一个老板做出来的,怎么款式都差不多呢?”行内人士都知道,这是国内设计的瓶颈。如何打破这老大难的“同质化”而实施“差异化?”还真让业内各界伤透了脑筋。

一、什么是差异化

差异化实际上就是“别具一格”、“差别化”的同义词，是将所提供的产品或服务差异化，形成一些在全产业范围中具有独特性的东西。实现差异化战略可以有许多方式：设计或品牌形象、技术特点、外观特点、客户服务、经销网络及其他方面的独特性。本文着重探讨产品设计的差异化对于提升珠宝首饰价值的意义及方式。

二、差异化的适用条件

1. 外部条件

(1) 这种差异化是有价值的。可以有很多途径创造企业与竞争对手产品之间的差异，并且这种差异被顾客认为是有价值的。

(2) 顾客对产品的需求和使用要求是多种多样的，即顾客需求是有差异的。

(3) 采用类似差异化途径的竞争对手很少，即真正能够保证设计或为所在企业所设计的产品是“差异化”的。

(4) 技术变革很快，市场上的竞争主要集中在不断地推出新的产品特色。

2. 内部条件

(1)具有很强的研究开发能力，设计人员要有创造性的思维。

(2)具有强有力的技术支撑并加以了解和运用。

(3)具备多元化的资源整合能力。

(4)一定的市场营销及洞察能力。

(5)研发设计与工艺制作以及市场营销等职能部门之间的协调性。

(6)人才和团队力量的支援。

(7)各种销售渠道强有力的合作。

三、差异化设计的意义

(1)建立起顾客对产品开发的热衷度。

(2)增强了产品的附加值，提高了企业的边际收益。

(3)通过差异化设计，使得消费者缺乏与之可比较的产品选择，降低了消费者对价格的敏感度。

(4)由于差异化设计，使得替代品无法在性能上与之竞争。

(5)差异化设计是建立差异化品牌的基础。

四、找出“同质化”的原因

实际上,每一个人的思维方式和风格模式一开始都是不一样的，那为什么最终大家所想出来的东西都是一样的呢？我觉得这里面有客观因素和主观因素。客观因素非常复杂，主要原因是珠宝首饰市场的同质化、当前的消费观念和国情状况、珠宝企业的生存与发展等多方面的因素。这里就不再做阐述。我们要重点谈的是作为设计师本身的主观因素：

(1)设计师对市场的不了解，导致了对市场的盲目迎合或不知所措。

(2)设计师对消费者的真正需求缺乏引领性的勇气，导致创新意识非常被动。

(3)设计师对所在企业认识不够，从而导致对企业被动性的言听计从，忽略了应有的原则和风格定位。

(4)设计师为求自身利益的保障，对于适时创新裹足不前。

(5)设计师对工艺及流程的不了解，导致在设计创新之时畏首畏脚。

(6)设计师缺乏价格的敏感度，导致无法让差异化设计带来商业利益。

五、如何进行差异化设计

要让自己的作品具备差异化特征，就必须从多个角度展开分析、加强判断、深入思考。

1.多考察市场，了解消费者的现实需要和潜在需求。针对消费者的潜在需求进行分析判断，展开设计思维，引导消费者，而不是去模仿

在这里我要着重谈谈该如何去观察和分析市场。很多设计师通常习惯去市场统筹那些销售量最好的款式，然后直接以此为参考展开和延续自己的设计。这种方式表面上看来是非常的贴近市场，但却是造成产品同质化的根本原因。其实“同质化”催生“差异化”，这本就是一种市场发展的必然规律。但我们如果每个人都还是始终如一的围绕“已销等于适销”来作为差异化的方向，把“销售量”作为设计开发的导航仪，那必然会产生新一轮的“同质化”。不错，以销定产的模式是一种最为保险也是最能带来直接效益的方式，然而此类“换汤不换药”，“吹糠见米”的做法，又怎能达到实际上的创新呢？长期以往，我们永远也只能是一个世界工厂，何时才能成为创造大国呢？我们的设计师何时才能成为不是以“模仿”为主要手段的原创设计师呢？

2.深入了解所在企业的品牌文化和定位，把自己的设计思路与企业的发展方向形成良性的融合，而不是盲目的迎合

珠宝首饰企业是珠宝设计师的主要平台，绝大多数设计师目前的状况还是以与企业合作的模式为主，通过企业这个平台展示出自己的设计作品，而不是直接面对消费者。于是企业便成了设计师与消费者之间最关键的一个“中介”平台。设计师的设计作品大多数只有通过了企业的认可以及制作加工，才能有机会真正面对消费者。在这种背景环境下，导致了设计师在研发设计的过程中心里负担加重，加上自己的主观意识不强，对企业的品牌方向定位缺乏明确的认识和清晰的导向，也不清楚该如何与企业融为一体。于是，不敢把自己的真实自我和创意想法真正的表达出来，很难按自主意识去创新,设计起来非常的被动，只是在一味的揣摩上司的选图心理……长期以往，设计师也就迷失了自我，抓不住设计的要领和设计师应具备的条件。

其实，企业和消费者一样，同样具有现实的需要和前瞻性的需求。优秀的设计师永远都是要走在消费者和企业的前面，领先一小步；而大多数设计师只会紧跟在消费者和企业的后面，以以往的需要为风向标。企业要面临的同样是消费者，企业并非最终的消费群体，企业只是整合和集中设计师的资源，更具有系统和规模性的资源推给消费者。设计师同样具有引导企业产品研发和设计方向的职责。我们要做的是怎样深入了解企业的性质、目标客户的定位以及区域性特征等等，并加入自己的分析和判断，融入自己的思维和特色进行研发和设计。所以说一位优秀的珠宝设计师，一定是在为企业创造价值的同时，而又不会失去自己的特色。

3. 抓住设计创新的要点，只有抓住了设计创意的重点，才能使设计具有连续性和延续性，从而形成系统性、规模性和持续性的创新

差异化设计实际上就是一种设计创新。那么该如何抓住设计创新的重点。首先要明确设计的价值，你所设计的产品能为消费者带来什么样的价值，你所在的企业能为社会提供什么样的价值，你所设计的支撑点是什么，你所创作的作品的亮点是什么、与以往的设计有什么不同。一件具有差异化价值的设计作品，它必然是在某一个点或某一个面有所突破和创新，这种突破就必然有它的延续空间和连续性。许多设计师在一个偶然的条件下设计出了一件好的作品，但却不明白该作品真正好在什么地方，不懂得把这一个点的突破放大化。于是，一件具有差异化延续性价值的产品，就这样浪费掉了。

其实，一件作品的差异化价值，也许只是在一个小小的细节上的突破。如果不懂得观察和分析，也许它的突破局限于这一个点，只能设计出一件作品。懂得观察和分析的设计师，会把这一点无限放大和延续，让设计具有连续性。从而在这一点上研发出许许多多差异化的作品。所以，有时我们会感叹别人的作品有多么的震撼，其实别人只是在其中的某一个细节突破了，所不同的是别人把这一点的特点放大化了。

4. 要让设计差异化，就得让自己的思维和方式差异化。因为差异化的关键就在于人

差异化的关键就在于人。也就是观念成就差异化。前面我们提到了要与市场上的销售产品有所区别。但并不等于就脱离市场，完全按照自己的意愿进行创作。设计师要领先市场一小步，但不能超前消费者太远，不然消费者跟不上。所以对这个度的把握非常关键。我们在创作的时候要懂得从多角度去分析和构思。而且这种思维是立体而不是平面的。我们要懂得运用“四维空间”去看待一件东西。所说的四维空间就是在原有的三维空间里创造另一个空间，就是“想像空间”，一件好的作品能给人带来一种联想，这种联想无形中给设计创造了附加值。珠宝首饰发展到今天，它的价值不再局限于传统意义上的保值和装饰，更是一种情感以及精神层面的产物。

差异化珠宝设计赏析

(图片由钻之韵珠宝提供)

钻之韵珠宝首饰通过现代的设计语言及精密的数控车床创造出了具有高度差异化的首饰,其差异化主要体现在三方面：一是市场定位的差异化；二是材质的差异化；三是工艺的差异化，是中国珠宝首饰差异化品牌的代表。其设计制造的“时来运转”成为珠宝首饰的经典作品。

其差异化体现在以下几个方面:

(1)材质的差异化。目前市场上的珠宝首饰产品是用贵重材料制造，以体现其价值,但钻之韵的主打产品“时来运转”却在贵金属及钻石等基础上加入了钢化玻璃。与珠宝首饰市场的主流产品有极大的差异化。

(2)工艺的差异化。“动”与“转”是钻之韵产品的最大特色，运用数据精工技术制造的首饰，内部是可活动、可旋转的。是高科技与手工艺的完美结合。

(3)市场定位的差异化。目前中国珠宝首饰产品以婚庆类的首饰为主，但钻之韵的产品并不是针对结婚人群，而是时尚、年轻的都市女性。

“时来运转”这个产品已经做了10年，在中国一个产品做了10年是很难想像的。它的生命力就在于不断的升级换代，注重产品差异化设计与差异化品牌的高度融合，不断地去挖掘塑造自己的工艺与产品设计等综合性优势，始终保持着产品的延续性与差异化。差异化的产品对品牌发展非常有利，帮助企业塑造创新形象，提高产品竞争力，提升品牌实力。在产品差异化设计方面，我们不能把创新理解为是视觉和外观的改变，实际上精神和理念的不断突破才最重要的。只有这样，才能保持品牌的气质。

钻之韵珠宝通过现代的设计语言及精密的数控车床创造出了具有高度差异化的首饰,是中国珠宝首饰差异化品牌的代表。

第六节　细节设计

细节设计成败的关键

通常来说，设计师都是追求无拘无束、自由不逊的。多少有点艺术家的脾气和诗人般的情怀，最喜欢的是大手笔的发挥和天马行空的创作。然而，作为一个珠宝首饰设计师，特别是经历过了社会实践的珠宝首饰设计师，却多少有点失望的发现，原来社会需要的东西，并非设计师原本想像的那么随心所欲，所要受制及顾虑的因素实在是太多。而这些方方面面的问题，实际是由很多不同的细节所构成的。每一个问题的出现，其实都是由一个或多个细节组合而成的。我们只有不断的加强对细节的分析和分解能力，才能逐步解决系统的问题。

一、细节的出现形式

1.以“点”的形式出现

我们经常所谈到的“细节”大多都属此类别。比如：飞机的失事是由于某个零件的生锈；航母的沉船事故是由于某个螺丝的松动。这都是一个“点”的细节问题导致了重大的事故发生。珠宝首饰也一样，一个看似不起眼的细节问题也许会带来很恶劣的后果。比如：由于钻石镶口处理不当，导致了消费者在佩戴的时候非人为的钻石脱落；由于一个角度的处理不当，导致刮伤佩戴者皮肤等。

2.以“线”的形式出现

这一点，也很好理解，比如：线条的不流畅会直接影响到产品的美观度，在首饰设计绘图中，线条是构成图形的最基本要素，也是图形审美的重要标准。线条的表现在后续制作的过程中意义非凡，在很多时候，不同的设计师画同一个款，都会有不同的效果，主要原因就是每个人对线条的把握度不同。可以说我们所说的绘画基本功，指的就是对线条感的把握。

3.以“面”的形式出现

金属表面的处理方式，比如：一件产品中的某个面，是抛光、喷沙还是电镀分色；这个面该是凸面还是凹面或者是平面……又比如：戒指臂的内侧面如何起角，佩戴的时候就会有刮手的不适感。这些都是一些微小的细节，然而，处理不当也会影响到整件作品的效果以及它的舒适度。

4.以“体”的形式出现

虽然是以“体”的形式出现，但你如果不细心观察，也许就会忽略它。而且发现它的难度，一点不亚于前面所提到的几个形式。比如：不对称、不平衡、不协调……又比如，戒指臂的两侧太厚就会在指缝中有挤肉的不适感，太薄又容易断裂；太宽或太窄都会造成佩戴时的不适感或不够美观。而这些问题的出现，也许就是1毫米或零点几毫米的差距。

5.以综合的形式出现

这种形式的细节问题很难分辨，它通常是综合了以上几种形式同时体现。比如面与面之间的处理不当，导致出现了死角位，这就会给后续的“执模”工序制造很多麻烦，而且会降低产品的效果。同样，还有“面与线”、“线与体”、“点与点”……的综合问题。

6.以“隐藏”的形式出现

这种细节，相对以上几种细节，更具有高度和难度，更是对一个设计师扎实功底和经验积累的综合考验。要发现这一细节问题，需要有很强的综合分析和判断能力。这种细节问题的出现不是用眼能观察到的。它的问题不是视觉效果上的问题，而是一些附加因素的问题。比如：我们知道一个概念有多种表现形式，我们就要采取性价比最高的一种表现形式，如果一个概念我们能用简单的元素就能表达清楚和完美，自然就不会再把它复杂化，一复杂就意味着要增加“制作成本”和降低效率。这些附加因素的考虑就是一种隐性的细节处理。

从以上几点可发现，细节并不一定是所谓“狭隘空间”里的一个瑕疵，它也并不是就是一个“点”的问题那么简单。它的存在有多种形式。所以我们的视野和思维一定也要多角度的拓展，要从微观的角度也要从宏观的角度去观察。只有综合的考虑问题，才能更好地体现同一个概念所真正创造的价值。

二、细节的重要性

(1) 影响整体的美观和视觉效果上的偏差。

(2) 造成产品性能的降低和佩戴安全性的威胁。

(3) 直接影响设计的理念和原创价值。

(4) 造成后续的工艺制作难度，降低工作效率。

(5) 由于前期的细节处理不当导致返工，浪费了时间和工作效率，增加了制作成本。

(6) 长期以往，会直接或间接的影响到品牌的忠诚度和美誉度。

三、细节的意义

(1) 细节是衡量一件珠宝首饰价值高低的重要依据。能更好的提升产品的附加值。

(2) 细节是衡量一个珠宝首饰品牌高度的重要标志，能提升品牌的美誉度。

(3) 细节是对消费者最好的附属价值，能让消费者得到物超所值的体会。

(4) 细节是一个人或一个团队走向卓越的基准。

(5) 细节是降低成本最有效的途径。

(6) 细节是优秀珠宝首饰设计师必修的一门课程。

当前时代，是品牌竞争的时代。珠宝首饰，作为一个附属、配饰品和奢侈品的产业，是以情感价值和符号价值为主导的。而细节，成了体现产品价值和品牌价值的重要因素。如何在细节中取胜，成了当前珠宝首饰行业的一个共识。也是打造品牌和树立品牌地位的主要途径。一个优秀的品牌，不一定是在于它的资源有多么的强势，也许就是在于产品的细节。

四、如何对待细节

(1) 从点滴做起，树立严谨的工作态度。要发现细节就得有耐心和细心去反复思考和观察。在平时的工作中就要养成严谨的好习惯。

(2)养成冷静分析和反复观察的习惯。对于一件产品的美观度和效果而言，永远没有最好，只有更好。只有不断提高审美能力，才能发现美、创造美、提升美。

(3) 多加强对材质的了解和成本的预算能力。了解不同材质的属性和特征，我们的设计最终是要依赖实物来体现，这就离不开材质。比如：足金的韧性很强，容易变形，在设计的时候就一定要注意要有一定的厚度和宽度；大钻石的价格很高，所以设计的时候就尽量的突出钻石，而不要有太多的金属遮掩；金属表面电镀玫瑰金容易褪色，所以设计的时候就尽量要采取“分件、真分色”的工艺处理。而对一件设计作品成本的预算，是衡量设计价值的关键要素。

(4) 加强对工艺的了解，多与流水线部门沟通。每个制作流程都有各自不同的工艺“瓶颈”，所以在设计的时候就要一定避免这些“瓶颈”问题。而不是要制造不必要的麻烦。只有这样才能提高效率。

(5) 提高对成品效果的预估能力，在成品出来后一定要跟踪和对比实际效果和预期效果的偏差。通常来说，预期效果和实际效果都是有偏差的，因为从设计到制作出成品是一道复杂的工序流程，会遇到很多意外的问题。但通常来说，在决定是否制作一件设计图时，必定对它的实际效果会有一个估算。

(6) 跟踪设计成品的市场反应。一件设计产品，特别是一件商业珠宝首饰，它最终是佩戴在它的主人身上的，它的评价最终也是消费者来给的。所以我们就一定得多收集市场的反馈信息。只有这样，才能更好地提高设计师的综合判断和分析能力，才能更好地提高我们处理细节问题的能力。

综上所述，处理细节最关键的一点就是“发现细节”。也就是要提高我们的洞察能力。所以我们在画一张图稿的时候，脑海里一定要有一个立体的概念。要知道你每下一笔，牵涉到的就是动用了多少成本和动用了哪些材质。在图纸上的一点点误差，甚至一根线条的处理不当，你浪费的也许就是成百上千的成本和资源。

细节精致的珠宝赏析

(图片来源于深圳威尔珠宝)

1. 细节精致的传统珠宝首饰

传统首饰材质昂贵,体现的是手工的美，精致合理的美学追求，克拉级高品质钻石镶嵌首饰做工非常精致，手工雕花、镳珠等局部细节处理，以纯手工的制造工艺体现奢华极限，是精致工美主义的典范。

2. **细节精致的现代珠宝首饰**(图片来源于Bottega Veneta珠宝)

老子说：天下难事，必做于易；天下大事，必做于细。这句给我们阐述了细节的重要性。小事成就大事，细节成就完美。成也细节，败也细节。

凡事要细心观察、细心思考。只有深入细节中去，才能从细节中获得回报。细节是一种创造，细节是一种动力，细节表现思想，细节深含艺术，细节隐藏商机，细节凝结效率，细节产生效益，细节带来成功。精致的生活,精致的美是人们对洁净生活和优雅生存环境的必然要求，也是人们关于设计过程中所不得不去面对的问题，不管是对于人性化设计还是现代绿色设计概念下的设计，都体现出了人们对于精致的追求。精致是现代生活的寻求目标，也是主流品位的要求所在。

这一系列的首饰是小方块为视觉单位创造出了细节的美感，无论是宝石的切割，还是金属表面的处理，都体现了中高端首饰的质感和精细，都体现细节的精致感，这是传统技术与现代科技的结晶，细节处理体现了首饰的价值。在设计中，体现产品的细节，要从以下两个方面去考虑：

第一，产品的品牌形象的体现，比如说我们无限的去弱化品牌的标识性设计，体现产品本身的品质。

第二，在产品本身的视觉元素上去最大限度的体现和延伸，做到简约而不简单，开始的时候做加法，到产品设计后期做减法。

第三章　设计作品

用珠宝凝聚建筑艺术之美
——叶志华珠宝设计作品赏析

法国雕刻家罗丹说过：“生活中不是缺少美，而是缺少发现美的眼睛。”美在生活中是随处可见，尤其是我国的建筑艺术，无论是古代的还是近现代的建筑都非常讲究审美特性。

建筑的美学有着悠久的历史，尽管地域分布广，又有各民族的不同风格，但其中都蕴含着一些共同的理念。一是，建筑的审美标准不仅要求使人感官愉悦，更重要的是恰当地表现形象本身所包涵的伦理、宗教或政治的内容。例如古代的宫殿表现出“天子以四海为家，非壮丽无以重威”的气派。二是，建筑的形式美体现的是群体美、序列美，这种艺术气氛又都以满足礼仪和生活实用的要求为基础。

本系列作品的造型语言,由几何的线、面、体组成，是通过空间组合、色彩、质感、体形、尺度、比例等艺术语言造成的一种意境、气氛，或庄严，或活泼，或华美，或朴实，或凝重，或轻快，以引起人们的共鸣与联想。每一款戒指，都是一座流动的建筑艺术品。

个性化的思考

我们为了孕育灵感，吸取了世界各地建筑艺术的精华
激发无限创意思考，将现代主义及简约纯粹实践在戒指上

Arc 弧线

这系列戒指头顶有很确定的“弧形”通过一体化造型，我们用弧线从头顶延伸到两旁，从部分延伸到整体。

Level 层次

建筑结构之后，我们提炼了最具特征的元素，运用重叠的手法，将其应用于戒指之上尽情表达层次的美感。

Angle 角度

将经典的建筑设计元素应用于戒指之上，是一种美学的创举

Cone 锥形

借鉴了经典的建筑造型，展现戒指的立体之美

Symbol符号

通过符号性的建筑造型表达一种历史与文化，将这种语言应用于戒指之上，创造经典，延长产品的生命周期。

Surface曲面

曲面是当代的建筑造型，体现视觉的流畅与动态之美，像一首凝固的诗。

Symmetrical 对称

对称是建筑的基本形态，体现的是视觉的平衡与稳定。

Surface曲面

曲面是当代的建筑造型，体现视觉的流畅与动态之美，像一首凝固的诗。

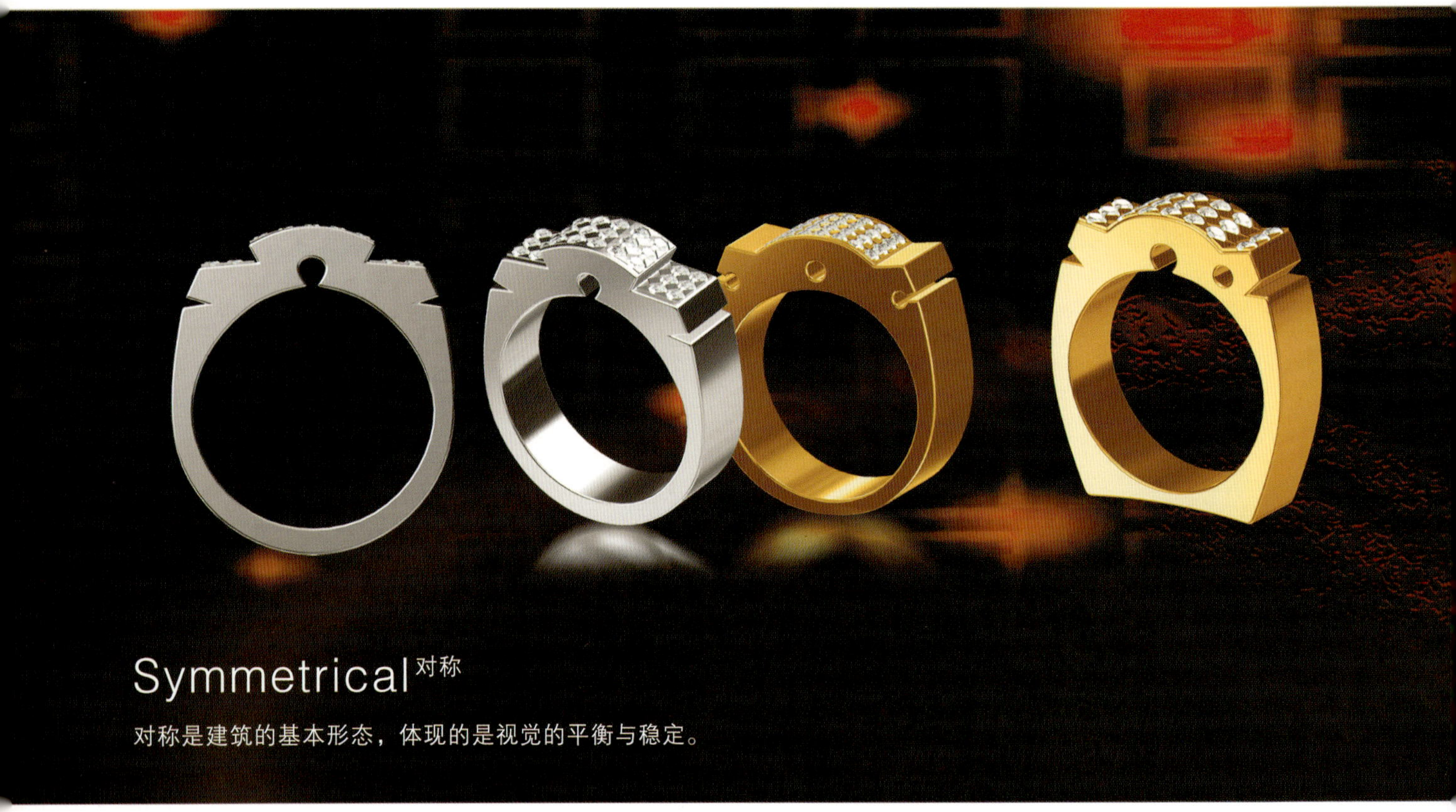

Symmetrical 对称

对称是建筑的基本形态，体现的是视觉的平衡与稳定。

Square方形

方形是建筑的最稳定及基本元素，将其应用于戒指之上，创造稳定的视觉效果。

喜临门

作品版权由新宝(深圳)有限公司所有。

拱形是建筑造型中的经典，也是门的主要造型特点,其优美的弧线体现了建筑美学中的精髓。它象征着力量与稳定。全新的“门”系列指环以完美和谐的外型及 3D 立体的设计，让其成为钻石精品首饰的全新象征。深具美学建筑设计概念的拱形悬架镶口，让钻石光芒尽情闪耀，象征着“门”的弧型结构提供了整个指环最特别的视觉体验。这一系列化的设计同时也展现出当代简约的设计语言特征。既有工业化的机械感的规范视觉之美，也加入了部分手工的精致、细腻、圆润的人体工程美学特征，让佩戴更舒适。

“门”系列，以其出色的外形设计及概念，成为具有多重风貌，喜好多变风格人士的最佳首选。动感流线中维持优雅，低调中展现尊贵奢华。这系列有多种不同的品种和材质，男戒、女戒，玫瑰色K金、黄K金、白K金镶钻款式，共几十种样式可供选择。在批环的搭配上也考虑了整体设计的完美感，选用了不同的金属表面处理工艺，如喷沙、抛光、镶嵌钻石等。

于千万人之中，美丽的邂逅；
你嫣然一笑，前世的五百次回眸，
终于换来了今生的相遇。

我画一张地图带领你走进秋天的童话里，
相遇，缘起；相识，缘续；相知，缘定。

上帝终于为我们打开了那扇婚姻的幸福之门。
红色印章盖下永恒的情歌。
光年的倒影其实是你笑着的眉眼，
飘落了一地的雨点是天边洒下喜悦的泪光。

今天，与你携手走进属于我们的家，
跨进了那扇最私密的门。
桌子上的百合，是我们采集的春天；
墙角的雨伞、是浅夏里我们撑起的晴天，
挂满了粉红色风铃的房子，
抽屉里多年未动的，
不是糖，而是手写情书。
天醒了，而我们还在醉；
听到春风的扣门声，
却没有谁起身去推开那扇最甜蜜之门。
爱情需要一扇门，
它用一把真诚的心灵之锁，
收藏我们所有的甜蜜与欢乐。
爱让心灵开出灿烂的梦之花；
每个春秋都有花香,那是雨后最美的蔚蓝,载满幸福。

婚姻需要一扇门，
它用一把纯洁与信任之锁，
隔离了外面所有的诱惑与风雨。
是信任让爱情结出饱满的硕之果。
把喜悦挂在脸上，让微笑时刻提醒。
把信任藏在心里，让爱情永不老去。

门，是甜蜜的印记，
门，是幸福的标志。

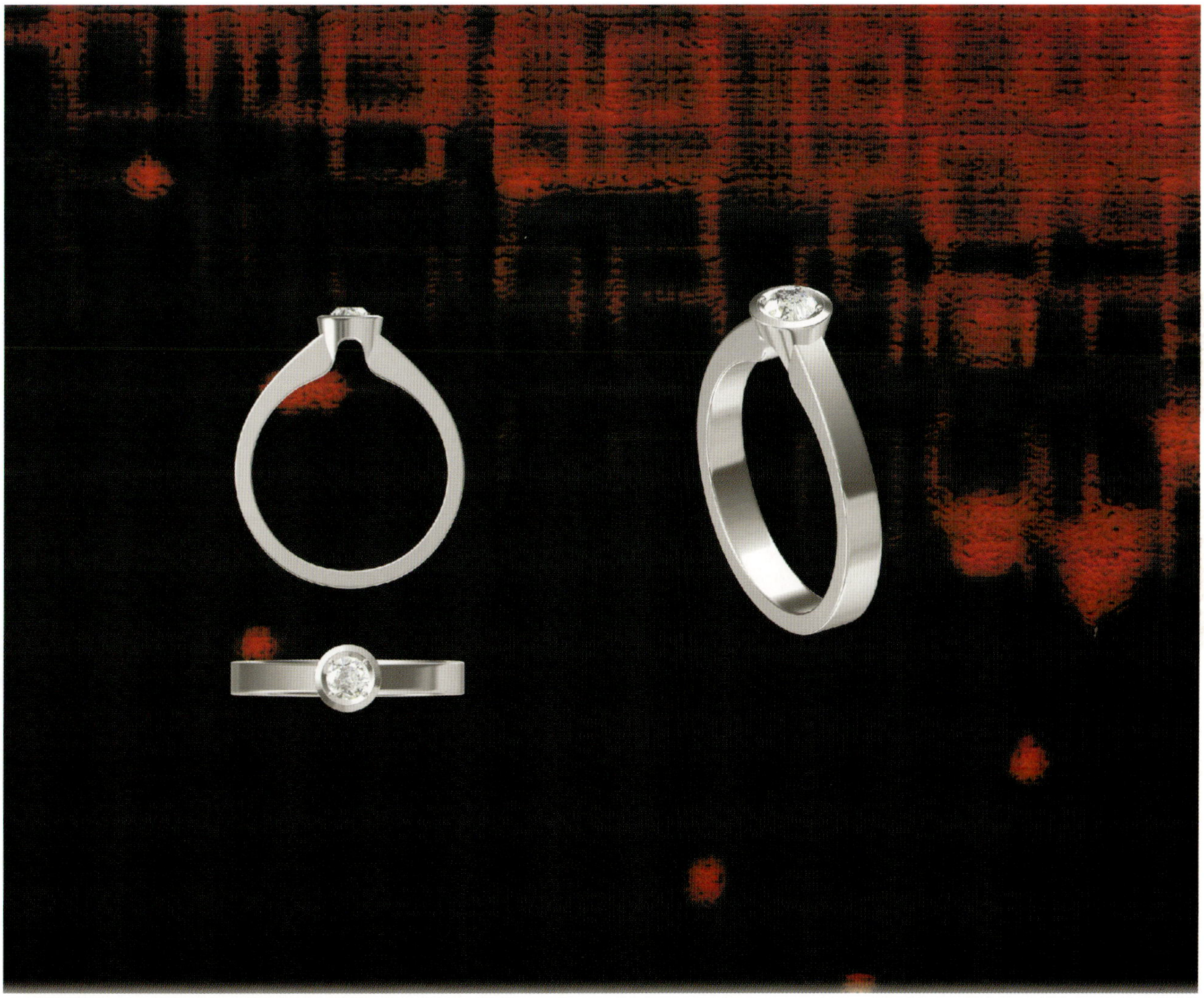

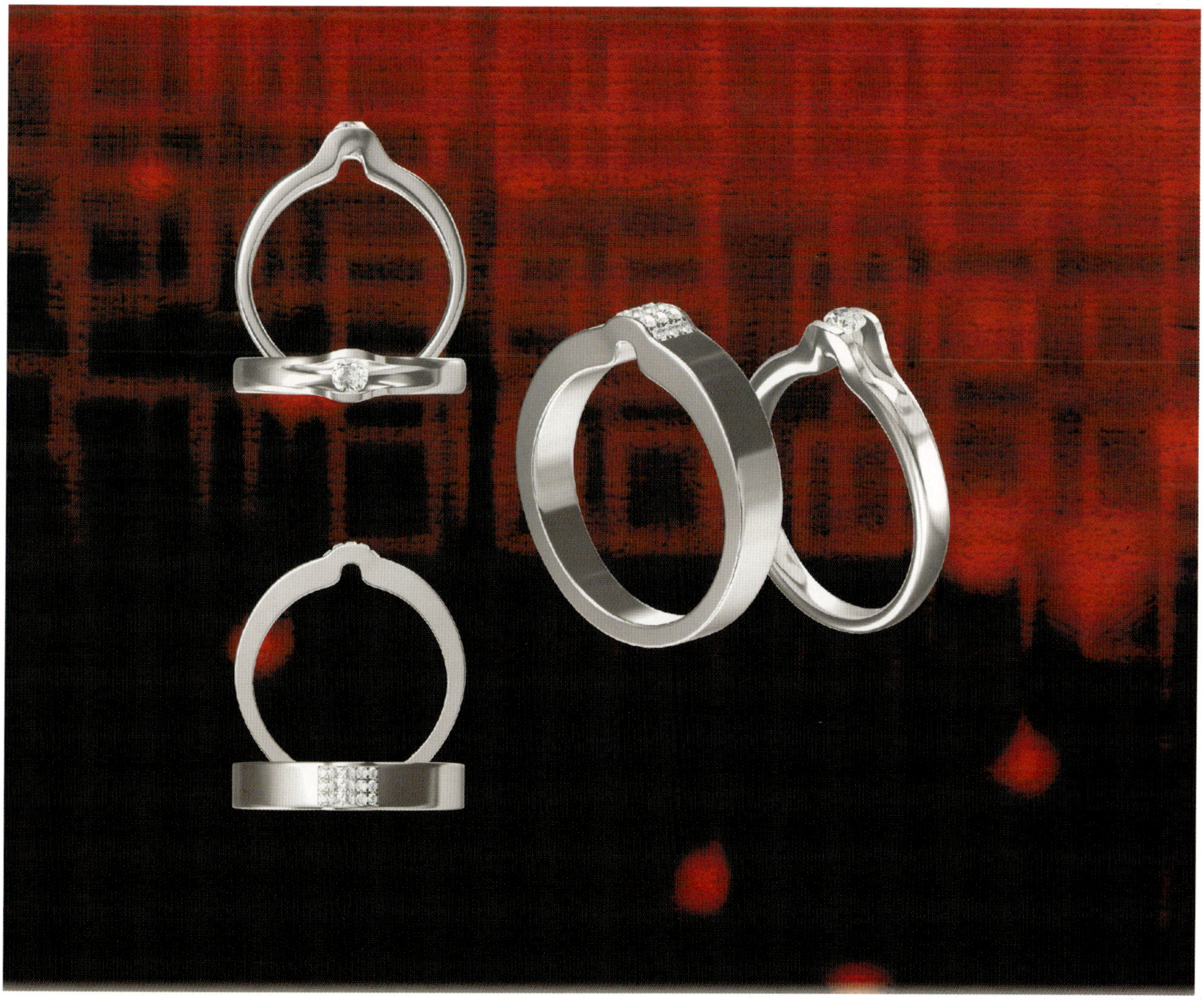

吴耀行，湖南道州人。1999年毕业于北京服装学院艺术设计学院装饰艺术设计系，获文学学士学位。毕业后一直从事商业首饰设计工作至今。作品注重商业与艺术的平衡和学术思想的交流。多次参加国内外珠宝首饰设计大赛并屡获大奖。
个人博客：http://wuyaoxing1973.blog.163.com

革故鼎新鼓大风

——吴耀行珠宝首饰设计作品赏析

在这纷纷扰扰的世界中，大师作品是单纯、宁静且博大包容的精神家园。以大师名作演绎的系列作品也极富此意味，思想的无畏，精神的传承，无不蕴含人生的感悟，在创作的手法上更偏向于传统的意象，所以很多都是表现似与不似之间的微妙关系，写意大于写实。在这个系列里，设计的灵感来源于古今中外各个领域大师的作品，包括贝多芬、达利、何绍基、周敦颐、白居易的代表作品。我内心里无比敬重那些古今中外的设计大师、艺术大师，他们心灵的独到与精神的放逐令我由衷感动。面对画纸，我只有真实地感受生命以及那些创作灵感，让他们交迸，让他们和谐相融才是。《命运》来源于贝多芬的《命运》交响曲，从钢琴中提取设计元素，加以抽象化的概括，唤醒人们心中的『大师』情愫，拥有大师的智慧，让每一个人的生活充满自信，改变自己的命运。音乐的灵气，在于天然自成的一份领悟，跳动的音符，是一份奇思妙想的突破。

《生命》来源于达利的作品，他创造了一个时代的形象，那个经常在他作品里出现的柔软的钟表，一个变形的钟表，时间第一次被质疑、被消解……超乎想象的软化表也体现了时间的心理状态，时间变慢、时间的贵族气息和它的非理性因素是达利想要告诉我们的。

《轮回》来源于宋代理学开山鼻祖周敦颐的《太极图说》，阐释着世间万物的周而复始。创造出表里平衡，物质与精神平衡。这种宁静平衡的艺术总能给人们的心灵以慰藉。

《道可道》设计元素来源于何绍基书法『道』。作品是对空间结构的营造，既是整体表现又重在突破。从有限时空把欣赏者引向无限时空，让人游目流观，把精彩推到无限深远。天地无尽，设计无界，产生『至小无内，至大无远』的深邃感。艺术创造是偶然与必然的混合体，是可控和失控的情感判断，是灵魂的碰撞，是宇宙生命的不可穷尽，是对宇宙生命本原的『道』的追寻。

《忆江南》设计元素来源于唐代诗人白居易的同名诗作《忆江南》。小桥流水、青瓦白墙、斜风细雨、凉亭古道无不给人以诗意的情怀。在这里是一种心灵的写意、梦幻的寻求，于是就有了一帘风絮的幽香、牵衣待话的沉寂，一切都是心灵的净化、一切都是自然而然。

智于心 贵于新

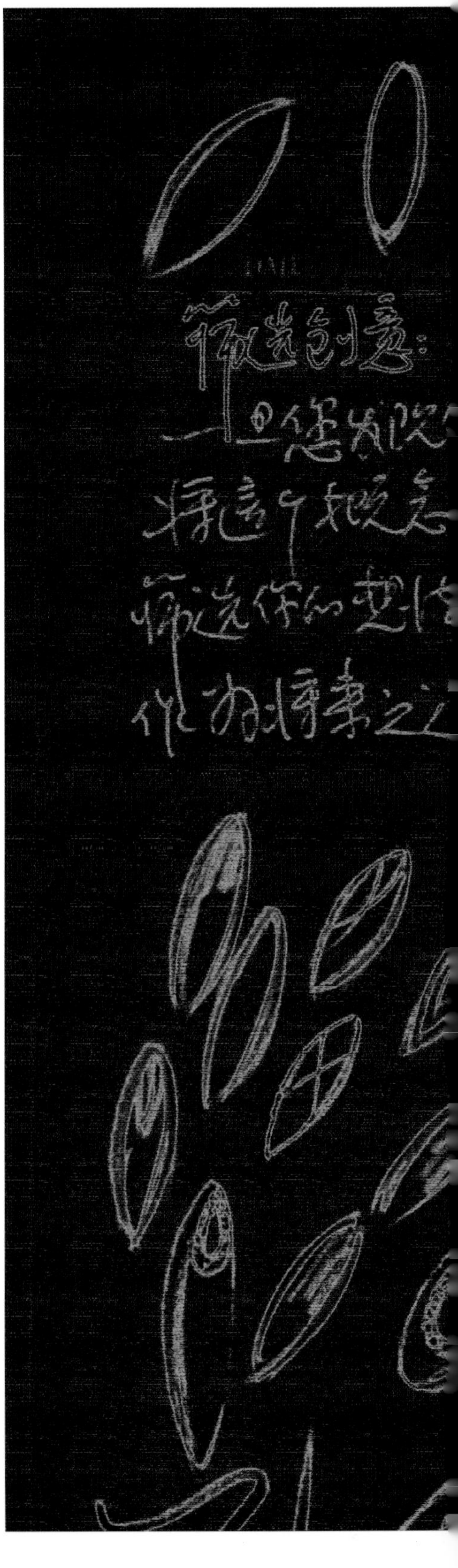

在珠宝首饰设计的创作过程中技法是最难吗？其实不然。在“爱莲”、“大师”两个系列的概念中，最难的是想法。为设计出好的款式，设计师花了相当多的时间来研究，并通过实践来掌握与设计相联系的技术要求，在工作草图的研究和整理阶段，设计师习惯用发散性思维来思考，采用蛛网的形式来记录各种信息，把对人生、自然、生命和爱的感悟融入到设计创作中去。在这个阶段里，设计师绘制了大量的草图，并从草图中识别和洞察那些极具价值的想法，特别是对于那些有原创性、前瞻性的想法要快速捕捉。

事实上技法只有在有想法的基础上，才能更加发挥出特定的积极效果。想法的探索是不断地求新、求变、求个性。当然，在创作“爱莲”、“大师”两个系列的过程中，设计师采用定位设计的手段，以系列化媒介来强调差异性。设计过程中考虑到佩戴的舒适性等问题，因此，这两个系列的作品的基本形都是封口的圆形和椭圆形，包容性非常强，作品的内容和形式很统一、很和谐。

在珠宝设计的创作活动中，设计理念是一个本质问题。设计不是为创新而创新，那些缺乏具体生活体验和感受，没有独立思考的作品是浅薄、不成熟和没有生命力的，如果没有能力全面而有效地执行和联系设计的各个环节，那么设计的决策和连贯性会显得薄弱，而设计的本身也会显得不和谐。理所当然，设计师更应该在创新上多下功夫，在想法上不落窠臼。想法个性，才能与时俱进。

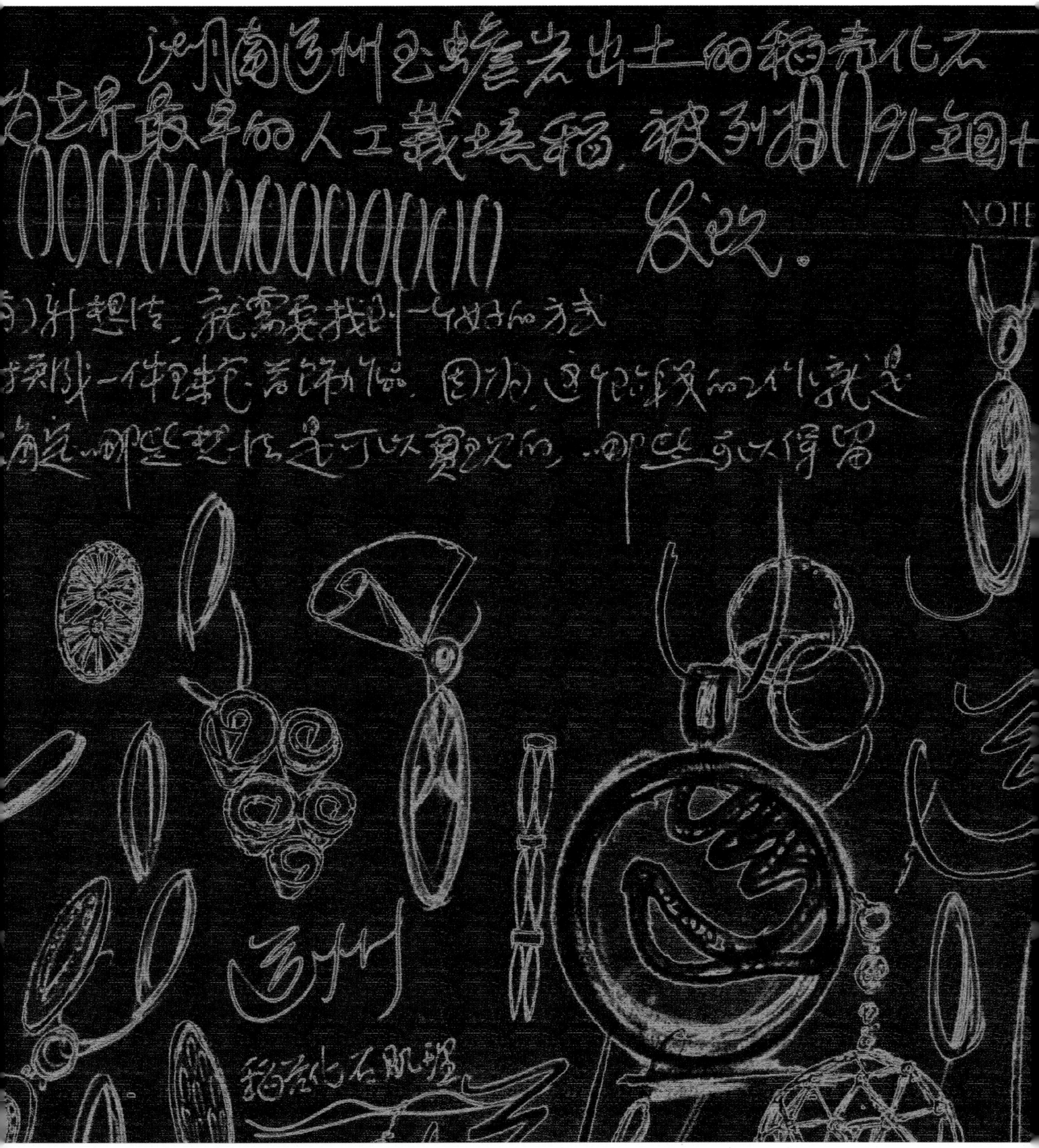
湖南道州玉蟾岩出土的稻壳化石
为世界最早的人工栽培稻，被列为
发现。
NOTE
的新想法，就需要找到一个好的方法
转换成一件珠宝首饰作品，因为这个阶段的工作就是
筛选哪些想法是可以实现的，哪些可以保留
道州
稻壳化石肌理

精于心 美于形

在“爱莲”、“大师”两个系列的创作实践中，设计师始终把“时尚”摆在第一位置，并认真地考虑了消费市场的现状和消费者的心理，尊重别人对设计的感受和态度。当下，时尚元素使中国的消费市场发生着深刻的变化，人们逐渐不太喜欢过于自然、过于具象的东西，一眼就找出“时尚气息”的款式是消费者最喜欢的，缺乏时尚元素的款式如今是很难卖出去的。

“爱莲”、“大师”系列作品中那些几何构成，点与点错落、线与线律动、面与面呼应，极其简洁、淡雅是国际化、时尚化、进步化的观念符号。可以说，最好的设计通常就是最简单的设计，如果设计师能让简洁的设计变得高雅起来，那么，设计师就觉得自己的创作非比寻常了。“爱莲”、“大师”系列作品的设计最小程度地表达了美学，最大程度地反映了简单的几何造型元素，对设计的细节、比例与纯净的用心给予每件珠宝以高雅。

非创造不传承。在珠宝首饰设计的创作过程中，设计师不能急于求成，如果没有自己独特的构思，没有积极的思维，那样的珠宝款式将大为逊色。而那些浪漫而美妙的奇思妙想极具生命力。“爱莲”珠宝首饰系列设计作品的创新就是在不断审视已经存在的客观现象，不断肯定或否定传统的基础上，发现和再造的结果。其间设计师不停地去修整莲花形状的特点，三易其稿，进而重新定义他们的基本个性及概念，试着去做一些改变，更不怕触碰极限的东西，在国家美学的高度上，追求图形的精益求精，作品的至善至美。

“大师”系列作品令人惊喜的结果，就是设计师对边缘事物的大胆尝试。珠宝设计其实是小雕塑的设计。虚实相间，变化丰富，节奏韵律优美，以有限的空间构成丰富的层次。设计师在创作“大师”系列作品的过程中，很注意吸收一些大师作品的营养。比如布朗库西的作品形体饱满、高度概括；扎德金的作品透叠错构，穿插互动的立体效果；冈查列兹的作品空灵简洁；摩尔雕塑作品中“孔”、“洞”产生的虚空形式等。使“大师”系列作品的表现形式更加的丰满立体，精于心而美于形。

FATE
命運
STEINWAY & S

It Is 生命 Life

ROAD
人 生 之 路

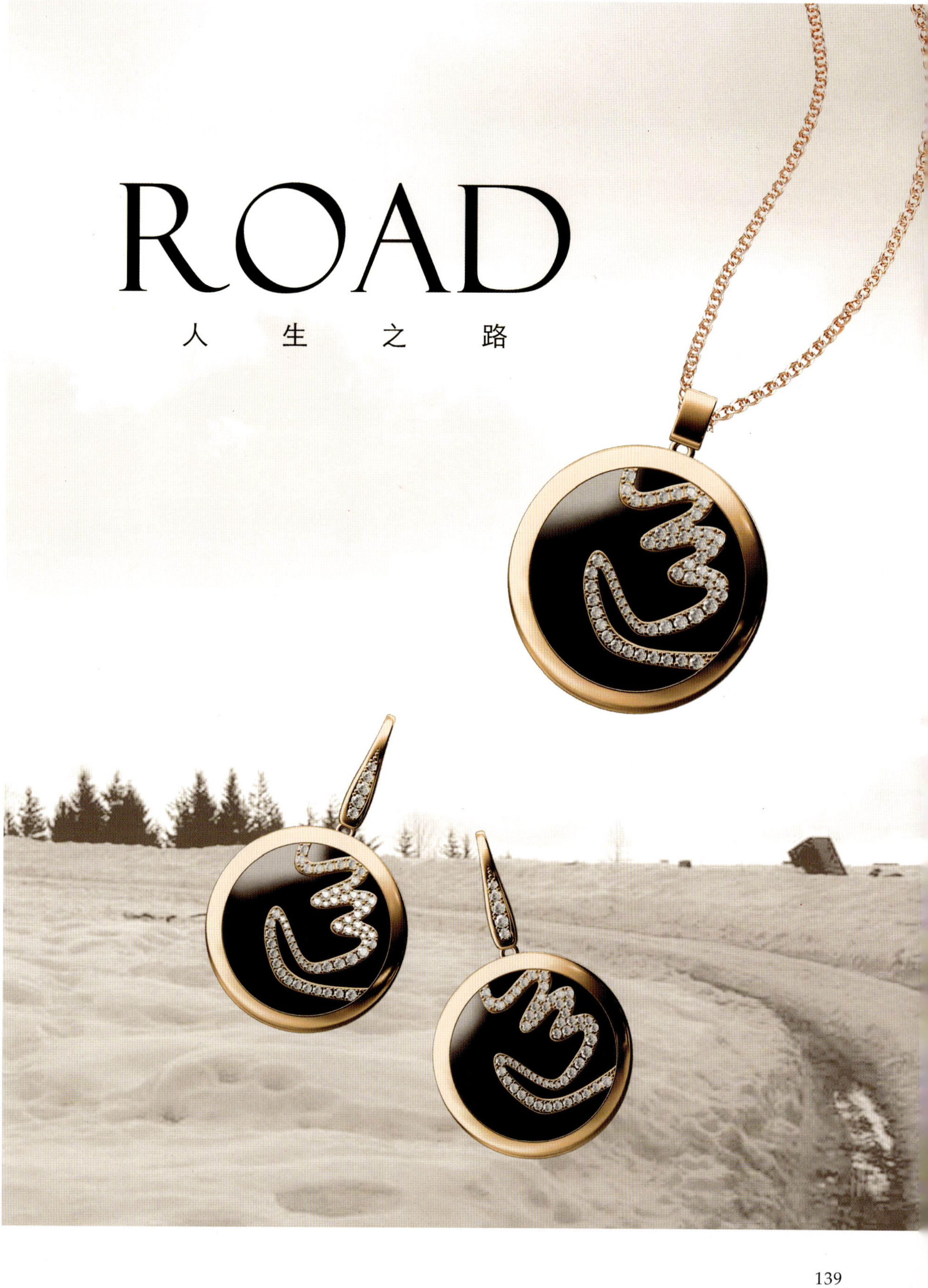

忆江南
忆 江 南

爱莲系列作品

自周敦颐赋予莲花生命的那一刻起，“爱莲”已然成为一个“专用名词”，莲花——君子之花。因此，莲花、莲叶、莲藕以及跟莲有关的一切都是我感兴趣的。仁者乐山，智者乐水，而我乐莲、看莲、听莲、思莲。因此，我常常临塘而立，徘徊其间，感受莲的灵魂，因莲，我的生命也会忽然神采起来。在这个系列里，我运用现代主义手法来表达中国传统文化的精髓，强调作品的单纯性和当代感。

莲花别名“荷花”，以“莲”喻“恋”，以“荷”喻“和”。四件产品组成一个系列：爱恋和谐、爱恋和美、爱恋和鸣、爱恋和顺。爱莲系列作品注重一种匠心独运的概念手法来表现高工珠宝的文化内涵和时代使命，与社会崇尚的高风亮节的价值观完美融合。逼真的形象只是形态的物化，内涵深刻，象征东方精神的寓意才是不朽之美。莲花喻为“花中君子”，在国人心中享有崇高的地位，是炎黄子孙无法挥去的气节与品格。

心灵动 意飞扬

珠宝首饰设计不是无本之木、无源之水，它还必须与工艺结合起来，两者相辅相成，相得益彰。设计师的“爱莲”系列作品、“大师”系列作品，不仅仅考虑了造型设计或者外形设计，还对材料、工艺、成本、审美取向、市场消费等相关因素进行了综合的考虑和整合。坚持孜孜不倦地分析，对形态、空间、线条、功能等，意识到这些会形成和发展他们个性设计语言的景象、经历和理念，享受着这种灵感穿透大脑，传输到手中并且创作出来的感觉和过程。

众所周知，珠宝首饰的起源：一是宗教崇拜；二是情感表达。

“爱莲”系列作品就是抽象与具象之间的莲花造型，融合钻石和其他一些材质，单纯从艺术价值来说，是表达一种简洁的精致、一种贵气的韵味。不是特别的高端复杂，但是它非常准确地抓住了中国人的一种观念，就是和谐相处。作品挖掘了其中的情感元素，将时尚与传统文化相结合，赋予珠宝全新的时代感和文化内涵，引领珠宝首饰的新风尚。

“大师”作品系列就是在精神和理念上加以突破，注重单纯感和当代感，艺术与商业并重。抓住中国人敬重大师崇拜大师的心理，进行演绎和表达，使设计师的作品集雅趣、时尚、美学于一身，鼓舞人们对生活有更多的感悟。

杜半，1999年毕业于西安美院工艺设计系。深圳职业珠宝设计师。从事首饰设计工作8年，2008年创办DBD杜半珠宝设计开发工作室。主要从事珠宝首饰系列的设计，方案整合，推广策划。曾在多项国内外重要的首饰设计大赛中屡获殊荣！

个人博客:http://duban1978.blog.163.com

感触心灵瞬间　物语纪录经典

杜半珠宝首饰设计作品赏析

“一见钟情”系列。灵感来源于恋人第一次的相见，彼此的好感由心而动，“眼缘”成就了爱情。

此系列将眼睛的形态用最简约的方式表达，清晰明快的传达了“一见钟情”爱的物语！

此系列是完整而又全方位的整合设计方案：

第一，“一见钟情”的系列名称，易记且意义深刻，突出爱情的主　题!

第二，简约的表现形式，主要强调眼睛的形态特征，让此系列首饰有清晰地识别性和象征性。

第三，此系列的延展度很强，拥有多个子系列 “睛典系列”、“睛喜系列”、“睛灵系列”、“睛彩系列”。

“睛典系列”的系列定位是突出长青经典款。

“睛喜系列”定位于婚庆系列，以婚戒为主打的系列。

“睛灵系列”针对休闲时尚，有低调奢华需求的年轻时尚一族。

“睛彩系列”主打以彩色石为主的系列款。

以上的系列可以定期的更新，定期推广，让“一见钟情”系列成为有旺盛生命力的系列作品!

只因为在人群中多看了你一眼
再也没能忘掉你的容颜
梦想着偶然能有一天再相见
从此我开始孤单地思念
想你时你在天边
想你时你在眼前
想你时你在脑海
想你时你在心田
宁愿相信我们前世有约
今生的爱情故事不会再改变
宁愿用这一生等你发现
我一直在你身边
从未走远

一见钟情——品牌四元素

一见钟情——已简约眼睛图案为品牌图标，眼睛是心灵之窗也是爱情之窗。眼睛图案是贯穿此系列珠宝首饰的基准元素。凸显品牌与首饰的高度统一识别性。

此图是眼睛图案的连续重复图案，也是一见钟情的辅助识别系统。此图案的适量应用，可增强品牌识别力,更具渲染性。

fall in love at first sight

COOC

COOC 一是英文品牌名

简单 易记 识别性强

中文的篆书 —— 一见钟情，中文品牌名

古朴的印章效果 具中国文化氛围

晴彩

晴彩

睛典

晴典

晴
典

睛
典

晴典

晴典

晴灵

晴灵

晴灵

晴灵

晴灵

晴
喜

晴喜

奉深，深圳职业珠宝设计师，中国注册珠宝首饰设计师，中国珠宝首饰高级技师。十余年从业经历，曾有二十多个作品在国内外珠宝首饰设计大赛中获奖。2008年成为首批中国注册珠宝设计师。
个人博客：Http://fs168268.blog.163.com

在生活中捕捉灵感

奉深设计作品赏析。

由于笔者曾多次在各项国内外设计大赛中获奖，平时也积累了一些心得。在这里，与读者分享部分珠宝设计比赛作品的创作过程，希望对大家起到一定的参考和启发作用。

一、抓住主题是关键

首先，任何比赛都是有主题的。这就跟我们平时的创作商业款式一样，首先要抓住主题，并围绕主题进行思考。比如“2008CHINA国际珠宝设计大赛”，主题是以奥运精神和中国文化为主导。那么我们要抓住的就是两个关键词：“奥运”、“中国”，二者都要结合起来，才能切合主题。那么我们应从哪一个关键词入手呢？这就要取决于各人的习惯和特点了，并没有特定的标准。可以先从其中一个入手，也可以综合二者一起入手。通常来说，中国文化也许是我们平时经常要接触和钻研的一种元素，多多少少都有一定的积累，而奥运方面的元素对我们来说可能都比较新鲜。所以我个人是先从奥运的元素开始入手的。总之，你的思路一定要跟“奥运”联系在一起。

二、围绕主题是方向

抓住了主题后，就要围绕这个主题展开思路。既然是“奥运”，那么与奥运有关的元素有哪些。这样一想就会发现思路非常之广，有抽象的、有具象的：奥运吉祥物、奥运标志、体育项目、运动员、运动图标、火炬、奥运建筑……这么多的元素，该选择哪一个呢。也许在选择元素的开始，会因为元素太多而感觉思路有点乱，不知选择哪个比较合适。先不要着急，把你能想到的元素用你自己的方式记录下来，可以是文字也可以是草图，主要是方便你在创作的时候随时能表达出来，这就叫灵感记录。要知道做设计最珍贵的就是灵感，而灵感都是短暂的，而且容易忘却，所以一定要养成记录灵感的好习惯。

记录下了许多的元素，以何种方式来表达呢？如何体现在珠宝首饰之中呢？怎样才能有所突破？这就是珠宝创作过程中的三大重点要素。而且这三大要素是呈一种递进关系，一个比一个关键、一个比一个复杂。而要处理好这三大要素，需要的是平时的积累。为了创作“2008CHINA国际珠宝设计大赛”作品，我准备了很多元素，并经反复的思考，用排除法淘汰了很多我觉得不太合适的元素。然后留下几个自己觉得比较有延展思维空间的元素。其中一个就是运动员的运动姿态的造型。

三、捕捉灵感是突破

有了初步的概念，但这个概念还是非常杂乱、不清晰的，只是一个或几个雏形。这个时候要静下心来，从生活中去汲取灵感。灵感的来源也许无处不在。上网、看电视 、阅读图书、逛街，甚至在平时不经意的聊天中或一个不经意的动作中，都能捕捉到一些灵感。我在一次与朋友聊天的时候突然聊到了“刘翔”。作为上一届的奥运冠军，他不仅是中国的骄傲更是整个亚洲的“飞人”。这本身就是颠覆了历史的一大壮举、更是一大突破，我何不借此发挥一下？恰好我正想表达一个运动员的姿态造型，飞人的姿态是最优美的。有了这个理念的支撑，我的思路也逐渐有了些头绪。

四、多角度演绎

有了一个好的概念，还是远远不够的。关键是要有创新，也就是“意先于形，形大于意”,用怎样的造型来表达意境呢？我画了N种草图，但都被自己否定了，因为缺少新颖。“飞人”的意境在于“飞”字，要给人一种“飞跃”的感觉，于是我想到了要用抽象的手法塑造人的形态。选择哪种类别的首饰呢？项链？戒指？耳环？手镯？……“飞跃”表述的是一个动作，需要纵向空间，于是我选择了手镯。但我被手镯的传统造型给“框”住了。参赛作品的第一印象是要夸张，另类。所以我画的草图都是很夸张的。我反复观察和思考，发现这些所谓的“夸张”都是我刻意“夸张”的，造型烦琐怪异。后来我就想到了用简洁的线条来勾勒抽象的人体造型。这一大胆的想法让我的思路更为清晰，而且勾勒出的草图也渐渐接近了我的创意和想法。珠宝设计的作品没有最好，只有更好！我也深知其中的道理。于是我让自己“清闲”了几天。有一天傍晚，我骑自行车在公路边的小道行驶，由于天有点暗，我的前轮与一辆逆行的摩托车相撞，瞬间我脱离自行车成抛物线往前飞出，成倒“U”字形的坠落。所幸坠落在旁边的草地上，只是受了皮外伤。但这短短几秒钟的时间却真正让我体会到了“飞人”的感觉。而我的自行车轮胎也严重的错位，成了一个“8”字形。我注视着错位的轮胎，再回想自己亲身体会的倒“U”姿势。突发奇想：两个“U”型的飞人岂不正好是一个圆形的手镯？而两个“飞人”再错一下位,我迅速拿起笔勾勒出这个构想,这就是作品《飞人》的“前身”。后来我又设计了几个球状体，分别表达出人体的头部、手、足。于是作品《飞人》就诞生了……

《飞人》

“2008” CHINA国际珠宝设计大赛

一等奖

2009年国际珠宝设计大奖

一等奖

冠军中的冠军赛

卓越设计奖

《盛世中华》

『2008CHINA国际珠宝设计大赛』——三等奖

《本色》

2007年第五届黄金首饰设计比赛(金都杯)——淑女系列三等奖

《龙的传人》

2006年第四届黄金首饰设计比赛（金都杯）——绅士系列入围奖

《玫瑰的眼泪》

2007年全球『爱之信物』设计大奖赛——三等奖

《生命之歌》

2007年第五届中国珠宝首饰设计『周大生杯』大奖赛——珍珠组三等奖

《爱的释放》

2010年香港足金首饰设计比赛——时尚K金组大奖

《爱情金字塔》

2009年第六届黄金首饰设计比赛(金都杯)——婚庆系列入围奖

《绝配》

2007年全球『爱之信物』设计大奖赛——二等奖

《经纬度》

2007年国际大溪地珍珠首饰设计大赛——戒指组冠军

《幻想曲》
2007年第五届中国珠宝首饰设计
"周大生杯"大奖赛——金银组入围奖

《方与圆》

2005年第三届E.F.D公主方钻首饰设计大赛——盈动优雅组优胜奖

《东方之魂》
2007年第五届中国珠宝首饰设计
“周大生杯”大奖赛——钻石组三等奖

潘焱，1983年1月20日出生于福州市，成长于浙江省温州市。毕业于武汉设计学院珠宝设计专业。毕业后一直从事商业首饰设计工作至今。对于手绘技法有深入研究并形成自己特有的风格。曾在多项国内外首饰设计大赛中屡获殊荣！

个人博客: http://blog.163.com/firepan@126

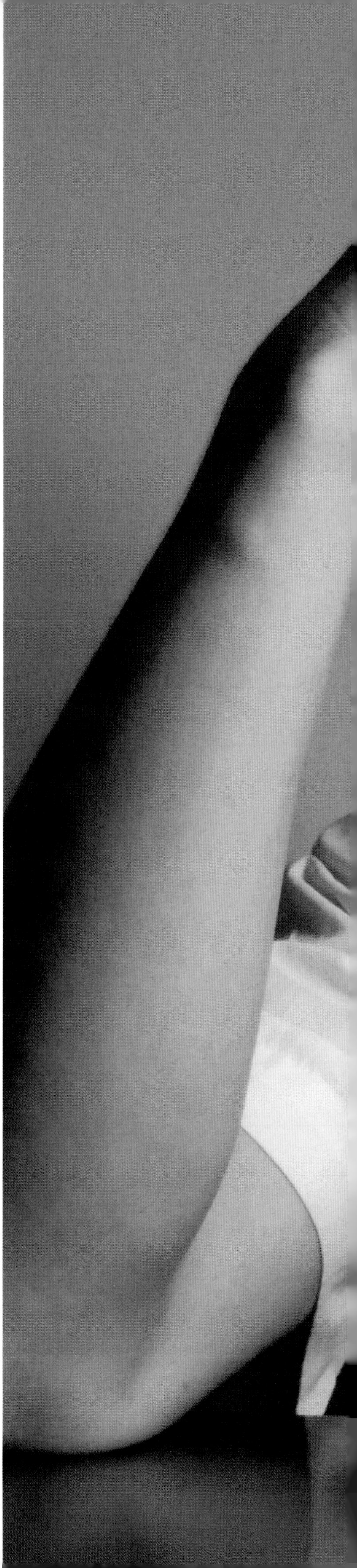

用爱描绘自由的心灵

潘焱珠宝手绘赏析

手绘的艺术特点和优势决定了在首饰设计中的地位和作用，其表现技巧和方法带有纯然的艺术气质，在设计理性产品与感性的艺术之间对美的自由表达成为设计师永恒的追求目标。设计师的表现技能和艺术风格是在实践中不断地积累和磨炼中成熟，因此，对技巧含义的理解和方法的掌握是表现技法走向艺术成熟的基础。手绘表现的形象能达到形神兼备的水平，是艺术赋予产品形象以精神和生命的最高境界，也是艺术品质和价值的体现。思维产生设计，设计由表现来推动和深化，首饰表现以艺术形象的外化形式表达心灵的感悟。在设计过程中手绘表现是描述造型空间、大小比例的语言形式，它在设计过程中对创意方案的推导和完善起着不可替代的重要作用，是沟通与交流设计思想最便利的方法和手段。人们可以通过手绘表现的便利通道来认识设计的本质内容和主旨思想。设计是表现的目的，表现为设计所派生，脱离设计谈表现，表现便成了无源之水、无本之木。但同时，成熟的设计也伴随着表现而产生，两者相辅相成互为因果。手绘表现是判断把握空间、形态、材质、色彩特征的心理体验过程，是感受形态的尺度与比例、材质的特征与表象、色彩的统一与丰富的有效方法，是在设计理性、直觉感悟、艺术表现的嬗变过程中对创意方案的美学释义。手绘表现因继承和发展了绘画艺术的技巧和方法，所以产生的艺术效果和风格便带有纯然的艺术气质，其手法的随意及自由性确立了在快速表达设计方案、记录创意灵感方面的优势和地位。

2010香港最受买家欢迎首饰设计比赛

获奖作品:《乱之舞》

2010香港最受买家欢迎首饰设计比赛

获奖作品:《繁花似锦》

第八届国际南洋珠首饰设计比赛

获奖作品:《衡》

只要我们都能找到心中的平衡点，
就能真正达到和谐的境界……

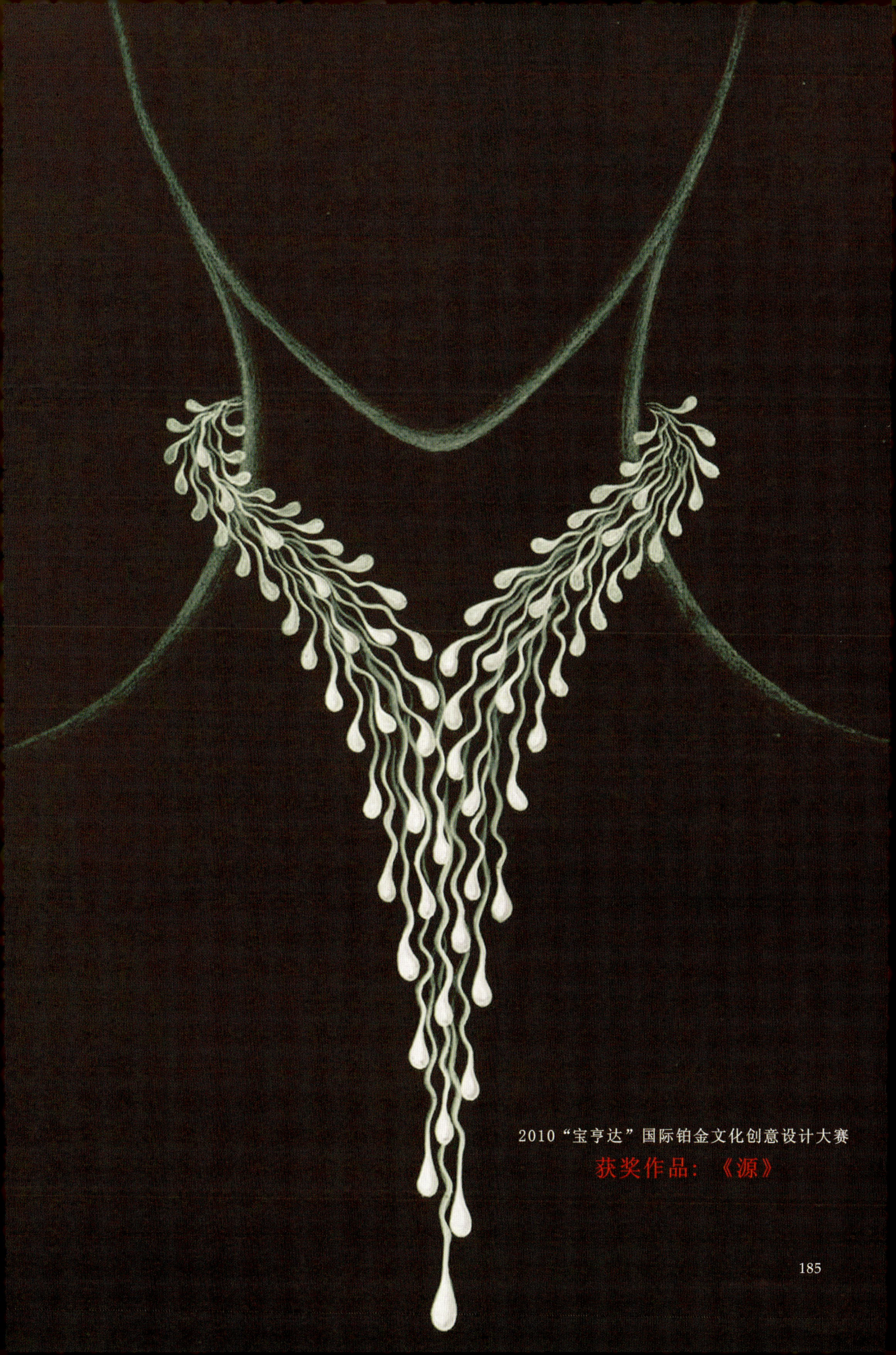

2010“宝亨达”国际铂金文化创意设计大赛

获奖作品：《源》

2008 CHINA 国际珠宝设计大赛

获奖作品：《鸟巢》

2007年第五届国际大溪地珍珠设计大赛

获奖作品：《司南》

2006年第四届金都杯首饰设计比赛

获奖作品：《团圆》

摩
2007年第一届先锋奖国际创意设计大赛
获奖作品：《幸福摩天轮》

2010“宝亨达”国际铂金文化创意设计大赛

获奖作品：《骨感美》

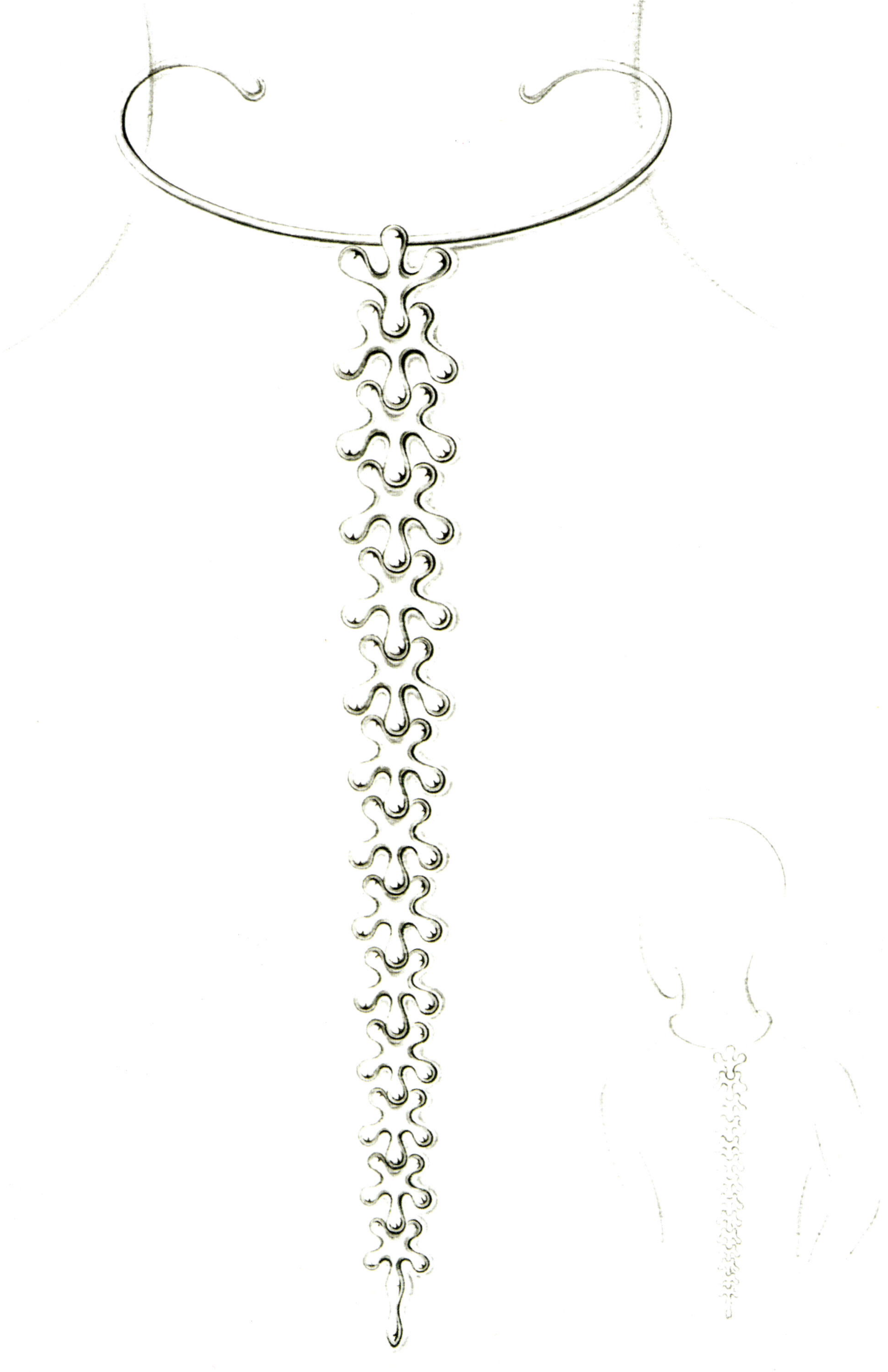

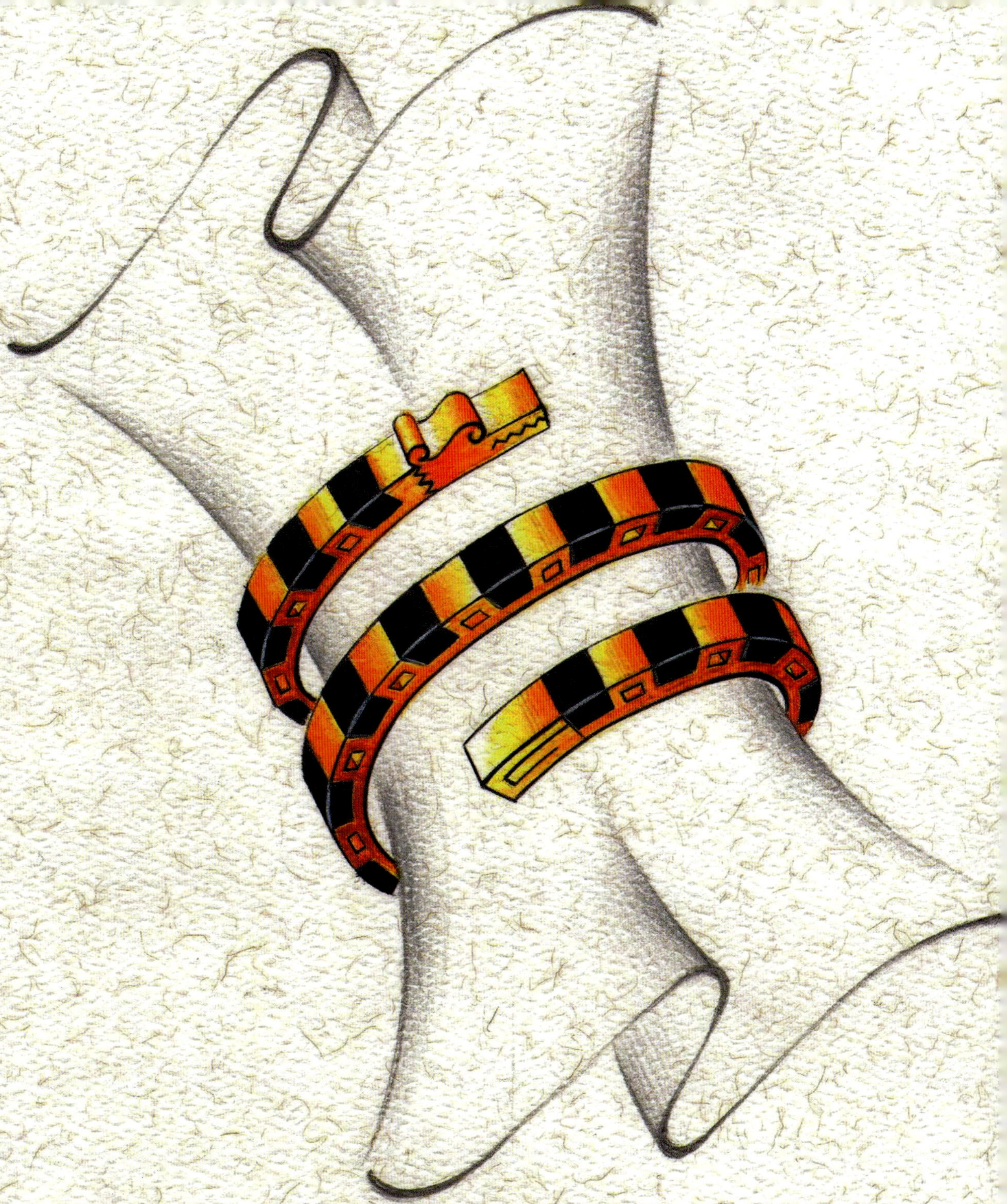

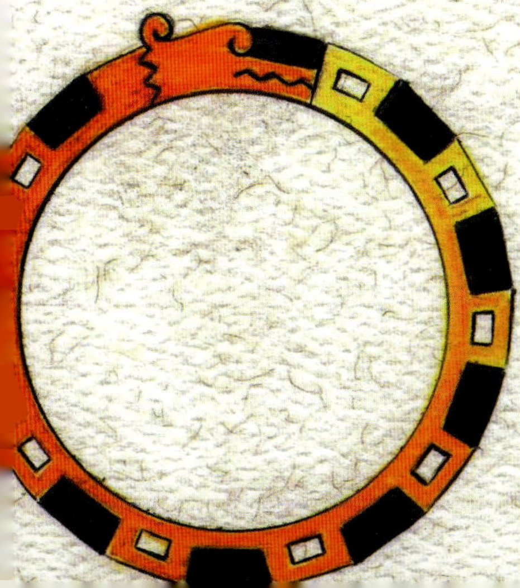

2009“中饰杯”珠宝设计大赛

获奖作品：《长城》

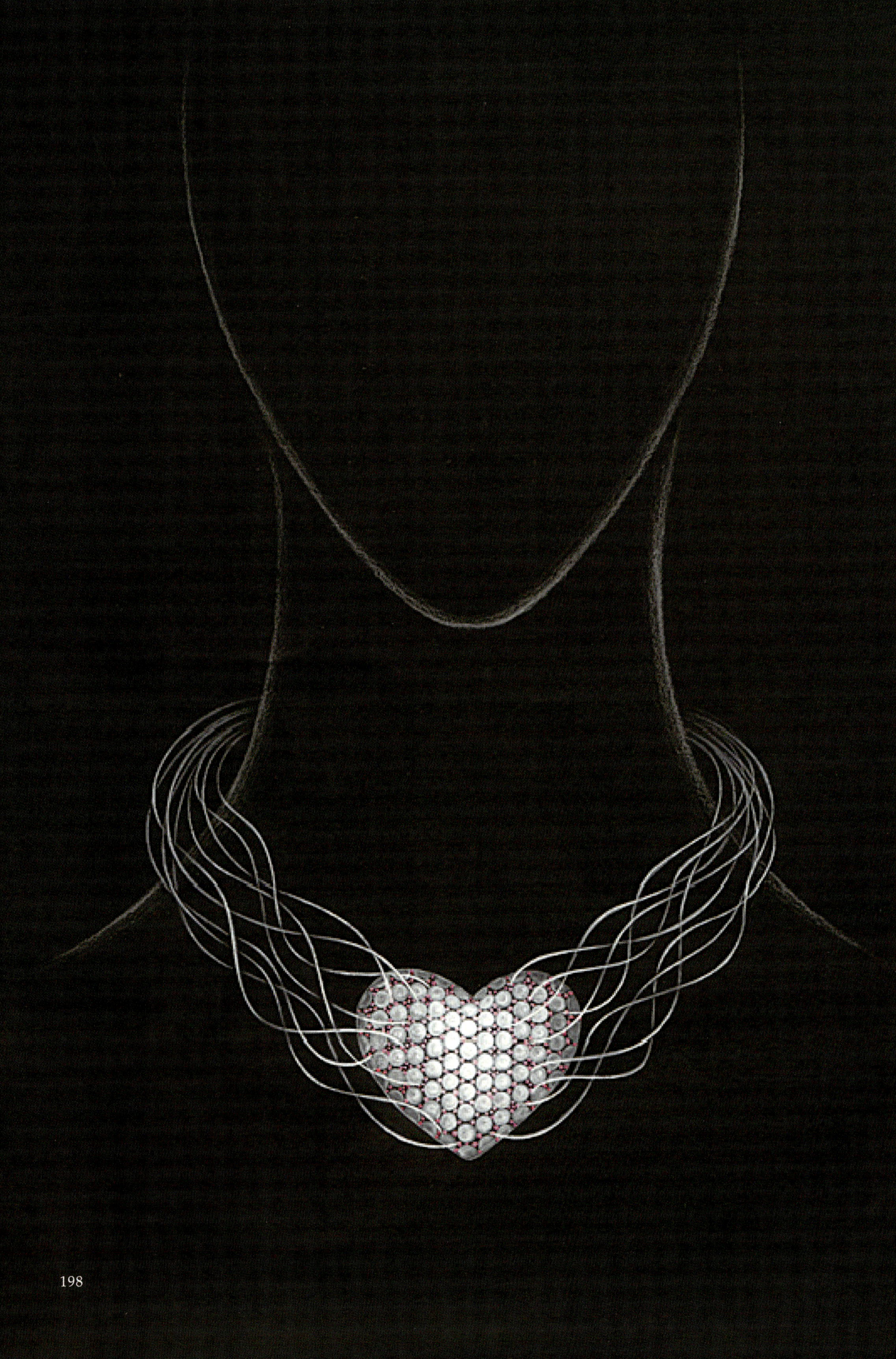

推荐一个设计师的互动平台

设计，被誉为珠宝的灵魂。在打造中国珠宝品牌的路上，设计师是一面个性的旗帜，因他们，创造独一无二深具内涵的珠宝；也因他们，才会有各样风格的演绎，推动时尚潮流的变化。

在中国，这些主宰着珠宝灵魂的设计师们，实则有着许多难以言说的苦楚：现在的设计师大多都依附于珠宝公司，缺乏一个良好的艺术创作环境，更缺乏“话语权”，他们名为设计实为“打杂”，无法得到足够的尊重，只能是唯老板是从。如果要改变这种命运，设计师只能创业，开设属于自己的珠宝设计工作室，然而得不到充足资金投入，得不到资源整合的他们，市场拓展也是举步维艰。而对于整个行业来说也存在很多问题，许多珠宝企业版权意识薄弱抄袭成风，没有一个专业的、公共的、公益的设计交流平台。政府或者行业协会对设计师的扶持政策过少等，都制约了设计师和设计创意产业的发展。

处于如此尴尬境地的珠宝设计师们希望自己得到重视，也正期待着自己能够从默默无闻的幕后渐渐走到台前，期待设计春天的到来。也只有这样，他们才能够真正将设计的内涵淋漓尽致地发挥出来，真正有一个展示自我、体现个人价值的空间。

珠宝设计师，开启自己的梦想

每个珠宝设计师都应该有自己的梦想：可能是创立个人设计师品牌，可能是经营一家专业设计工作室，也可能是成为一位知名的独立自由设计师等。阿基米德曾说过：“给我一个支点，我可以撬动整个地球”，试问你的梦想是什么，给你一个支点，你能撬动一个怎么样的地球。当然，设计师的梦想还是需要自己去开启，设定目标后，寻找合适自己学习、工作、深造、创业的机会，同时可以通过一些公共平台如展览、媒体、网络、设计研讨会等，不断分享自己的设计作品和设计理念，以及包装推广个人设计品牌。

面向中国巨大的珠宝市场，以及用户对个性珠宝和艺术珠宝的需求快速膨胀，我们有理由相信珠宝设计师的未来不是梦！

珠宝设计师艺廊，设计师自己的梦工场

珠宝之家创立3年多来，一直都关注珠宝设计配套产业发展，致力于推动珠宝设计师职业化，曾经也采访报道了国内外数百名的珠宝设计师，以及发布了数千个设计师作品，同时，珠宝之家网还经常组织设计师主题交流活动，取得了关注中国珠宝原创设计发展的专业人士青睐和赞赏。

以此为动力，珠宝之家将一如既往地为珠宝设计师宣传报道，为珠宝设计师提供更多的媒体推广服务和设计师渠道拓展服务。经过与设计师长期合作，以及市场需求调研后，珠宝之家网顺势在2011年元月推出“珠宝设计师艺廊”服务平台，一个设计师自己的梦工场。

珠宝设计师艺廊（http://designer.525zb.com/）

致 谢

就像本书中呈现出的设计案例一样，这本书的编写与创作过程也有一个独特的完成经历，几经易稿。首先体现了作者之间的良好合作与包容，由于每个设计师对于首饰的设计及创作方法都有自己的见解和体会，因此在编写的过程中对首饰设计理念及方法既有高度一致的认同，也经历过激烈的争议。

这本书得以出版，与深圳的很多珠宝首饰企业及管理者的关心与支持是密不可分的。首先要感谢新宝珠宝（深圳）有限公司的大力支持，还有TTF、深圳市钻之韵珠宝有限公司、深圳星光达珠宝首饰实业有限公司、深圳市丰沛珠宝有限公司、深圳市吉盟首饰有限公司等企业的合作与支持，他们为本书提供了大量的精美图片和成功的商业首饰设计案例，体现了其对推动深圳珠宝设计的社会责任。同时，在编写的过程中，也得到了宝怡珠宝、皇工世家、大正首饰、兆亮珠宝、铭泽珠宝等企业的理解与支持，在此表示最真诚的谢意！

年轻的同行特别是学生们，将会因为看到这些成功的商业产品设计案例而受益深远。

主编：叶志华

2010年12月25日

图书在版编目(CIP)数据

珠宝首饰设计/叶志华主编；吴耀行，奉深，杜半，潘焱副主编. —武汉：中国地质大学出版社，2011. 3

ISBN 978-7-5625-2582-0

Ⅰ. ①珠…
Ⅱ. ①叶…
Ⅲ. ①宝石-设计②首饰-设计
Ⅳ. ①TS934. 3

中国版本图书馆 CIP 数据核字(2011)第 027724 号

珠宝首饰设计

叶志华 主编
吴耀行 奉深 杜半 潘焱 副主编

责任编辑：张琰　　选题策划：叶友志 张琰　　责任校对：张咏梅

出版发行：中国地质大学出版社(武汉市洪山区鲁磨路 388 号)　　邮政编码：430074
电　话：(027)67883511　　传真：67883580　　E-mail：cbb @ cug. edu. cn
经　销：全国新华书店　　http://www. cugp. cn

开本：880 毫米×1230 毫米 1/16　　字数：412 千字　印张：13
版次：2011 年 3 月第 1 版　　印次：2011 年 3 月第 1 次印刷
印刷：荆州市鸿盛印务有限公司　　印数：1—3 000 册

ISBN 978-7-5625-2582-0　　定价：118. 00 元